MUSCLES AND
BONES

人體的運作美學

將人體比擬為靈魂的樂器，用最貼近自然的角度，
探索人類生命的智慧

Charles Kovacs

查爾斯・科瓦奇——著　陳柔含——譯

華德福
教學引導
3

小樹文化
Little Trees

MUSCLES AND
BONES

人體的運作美學

將人體比擬為靈魂的樂器，用最貼近自然的角度，
探索人類生命的智慧

作　　者：查爾斯·科瓦奇（Charles Kovacs）
譯　　者：陳柔含
總 編 輯：張瑩瑩
主　　編：謝怡文
責任編輯：林曉君
校　　對：林昌榮
封面設計：兒日
內文排版：洪素貞
出　　版：小樹文化

法律顧問：華洋法律事務所 蘇文生律師
出版日期：2020 年 11 月 4 日初版首刷

讀書共和國出版集團
社長：郭重興
發行人兼出版總監：曾大福
業務平臺總經理：李雪麗
業務平臺副總經理：李復民
實體通路協理：林詩富
網路暨海外通路協理：張鑫峰
特販通路協理：陳綺瑩
印務經理：黃禮賢
印務主任：李孟儒
發行：遠足文化事業股份有限公司
　地址：231 新北市新店區民權路 108-2 號 9 樓
　電話：(02) 2218-1417 傳真：(02) 8667-1065
　客服專線：0800-221029
　電子信箱：service@bookrep.com.tw
　郵撥帳號：19504465 遠足文化事業股份有限公司
　團體訂購另有優惠，請洽業務部：
　(02) 2218-1417 分機 1124、1135

國家圖書館出版品預行編目 (CIP) 資料

人體的運作美學：將人體比擬為靈魂的樂器，用最貼近自然的角度，探索人類
生命的智慧 (華德福教學引導 3) / 查爾斯·科瓦奇 (Charles Kovacs) 著；陳
柔含譯 – 初版 – 新北市：小樹文化出版：遠足文化發行，2020.11
　面；　公分
　譯自：Muscles and bones

　ISBN 978-957-0487-40-4(平裝)

1. 人體學 2. 通俗作品

397　　　　　　　　　　　　　　　　　　　109012917

線上讀者回函專用 QR CODE
您的寶貴意見，將是我們進步的最大動力。

立即關注小樹文化官網
好書訊息不漏接。

目 錄

健康與人體

我們的心靈像一位小提琴家，我們的身體如同一把小提琴。一位稱職的音樂家會勤於保養他的樂器、小心翼翼的呵護它，因此，我們必須了解身體的結構、學習如何維持身體健康，才能細心照顧「身體」這個樂器。

PART
2

生理學

神經系統、節律系統與消化系統是靈魂的樂器，相當於音樂家的小提琴。靈魂能夠同時演奏這三種樂器，以腦及神經演奏「思考」，以呼吸及血液演奏「情感」，並以全身的肌肉演奏「意志」。

PART 3

骨骼與肌肉：解剖學

骨頭被視為死亡的象徵，骨頭中的血液卻代表著生命，在象徵死亡的骨頭中，新的生命誕生了，並不斷製造富含生命力的新鮮血液，這便是人體的奧祕之一。向身體的奧祕學習，我們便會看見生命如何從死亡中誕生。

PART 1

健康與人體

我們的心靈像一位小提琴家，我們的身體
如同一把小提琴。一位稱職的音樂家會勤
於保養他的樂器、小心翼翼的呵護它，因
此，我們必須了解身體的結構、學習如何
維持身體健康，才能細心照顧「身體」這
個樂器。

Chapter 1

脊柱與直立的身體
承擔身體重量與維持平衡的樂器

在開啟地理大發現的契機當中，最重要的莫過於香料貿易了。威尼斯的興盛最早就是起因於當代的飲食以及佐料，這讓葡萄牙的亨利王子（Prince Henry）興起了為國家發展香料貿易的念頭。如果歐洲人沒有愛上調味過的香辣食物，葡萄牙人也就不會因此航向未知的海域，不會建立航海學校，更不會有國王提供哥倫布（Columbus）船隻讓他橫渡大西洋。

現在該來認識一下食物了，也就是我們吃些什麼，以及為什麼要吃，這代表我們需要對人體有整體的了解。在天文學的領域，我們聽過行星與恆星，也聽過宇宙中廣大的星系世界。相較之下，人體實在小得太多了，但卻跟宇宙一樣複雜、充滿奧祕。不過，了解人體比了解宇宙更重要，讓我來告訴你為什麼。

從前有個國王向一位智者請益：「在我所有寶物當中，你認為哪一個最有價值呢？是金子、寶石、宮殿，還是城堡？」

智者回答：「噢，國王，當你頭痛得很厲害時，還會有心情享受你的寶物、侍者和宮殿嗎？」

「不會。」國王說。

智者接著說：「由此可見，對國王以及每一個人來說，最有價值的寶物就是健康。若失去健康，任何財富、權力和知識都無法讓你感受到樂趣。」

健康是最珍貴的資產，無論對人、動物或是所有生物皆是如此。但動物無須學習什麼是健康，或是去了解身體如何運作。有一種以蠅類、蠓蟲等昆蟲和蜘蛛為食的鶇，有時會因為吃到有毒的蜘蛛而生病，但這種鳥會很快的飛到灌木叢找一種黑色的莓果吃。特別的是，鶇所吃的這種莓果（顛茄）也具有毒性，但卻能抵消蜘蛛的毒，鶇也就能因此得救，而牠們也只有在吃到毒蜘蛛的時候才會去吃這種有毒的莓果。

鶇會這麼做是出於本能，而不是透過學習，但人類缺乏這樣的本能來告訴我們對身體有害的飲食和習慣，所以需要透過學習去了解對我們有益的事情。因此，為了照顧自己的健康，我們必須了解身體的需求。

各位都曾經感冒過，也許還曾發燒，這代表身體出了問題。那時你的心情和精神應該也不太好，如果抱病上學，學習狀態可能大不如常，難以吸收課堂上的知識。但生病的不是身體嗎？像感冒這種身體上的小問題，是怎麼影響心靈的呢？現在請你想像一位音樂

出於本能，動物了解對身體有益的飲食，
但是人類需要學習，才能照顧自己的健康。

15

家，例如一位琴藝優美的小提琴家，如果他的琴上有一根弦斷了或是音準沒調好，他就無法用這樣的琴演奏出優美的樂曲了。我們每個人都有心靈，心靈就是那位小提琴家，而我們的身體就如同那把小提琴，是心靈的樂器。

當然，人體遠比任何我們所打造的小提琴或鋼琴更複雜，也更精美得多，但它的確是心靈的樂器。一位稱職的音樂家會勤於保養他的樂器，小心翼翼的對待它。同樣的道理，我們也必須細心的照顧身體這個寶貴的樂器。

如果你去上小提琴課，首先要學的事情就是正確的拿好琴，這是拉出飽滿音符的必要條件。對身體來說也是如此，我們最先學會的事情就是如何正確的「讓身體站好」，也就是直立行走，我們很早就學會了這件事，早到大概都不記得了。你看過小寶寶搖搖晃晃、試著站起來的樣子嗎？這並不是因為有人告訴他：「你現在該學怎麼走路了。」而是小寶寶的心靈驅動著他這麼做的，他的心靈會讓身體這個樂器呈現出應有的樣子，也就是直立。

想要站起來的不是身體，而是心靈。在成功之前，小寶寶總是會摔倒好多次，因為要讓身體的重量平均分配在兩條腿上並不容易。如果用蠟或是黏土做一個小人，就會知道要讓它以雙腳站立有多麼困難。但如果你做的是四隻腳的動物，就一點也不難了。

用兩個腳底來平衡全身的重量非常困難，但我們卻可以用單腳平衡，這就是我們走路的方式：先把重量放在一隻腳上，再放到另一

隻腳。聽起來好像很容易，這是因為我們從小就開始練習了。

　　脊柱讓我們能夠直立，若是少了它，我們便無法用雙腳平衡身體。用手摸背的中央處，你所摸到的就是「脊椎骨」。其他動物也有脊椎，不過牠們的脊椎是水平的，而牠們的頭、肋骨和腿都從脊椎垂掛下來。我們人類的脊柱是直立的，不僅支撐了頭部，也支撐著肩胛骨、手臂和肋骨，脊柱承擔了這些重量並維持身體平衡。

　　希臘人建造粗壯的石柱來支撐神殿的屋頂，這種支撐並不困難，因為神殿不會移動。但如果脊柱是像石柱那樣堅硬又僵直，可就不是什麼好事了，我們會因此無法彎腰，也無法向左轉或向右轉，反而會像那些石柱一樣僵硬。我們的脊柱可比那些石柱厲害多了，是由一個個圓盤狀的骨頭堆疊在一起，骨頭之間還有軟骨所組成的「椎間盤」。椎間盤讓我們的骨頭不會在跳躍的時候彼此碰撞，也讓我們能夠彎曲和旋轉背部，有時候一點點椎間盤的位移就會造成劇烈的疼痛。

　　組成脊柱的骨頭稱為「脊椎骨」，正是因為這些巧妙排列的脊椎骨和肌肉，我們才能直立行走，而且不像希臘石柱，我們還能鞠躬、彎曲和轉向。

人類的心靈如同一位小提琴家，
而身體就像一把小提琴，是靈魂的樂器。

17

Chapter 2

正確的姿勢與行走方式

維持健康的三個良好姿勢：
站直、行正、坐端

我們了解了脊柱對於直立行走的重要性，它支撐了我們可觀的體重，也必須具有一定的強度及彈性，我們才能夠鞠躬、彎曲和轉向。

嬰兒剛出生的時候，脊椎骨的排列是呈一直線。當他開始站立和行走，脊柱便有了曲線，這是有其必要的。如果你走路時試著把脊柱挺得像槍桿一樣筆直，就會發現這種姿勢很費力，所以我們需要微微彎曲的脊柱，但幅度不宜過大。

由於脊柱能夠承受相當大的重量，我們便經常習慣讓自己的重量依附於脊柱，而沒有讓肌肉來幫忙負重。這樣會發生什麼事呢？你的頭會往前傾，出現圓肩的現象，使脊柱頂端的曲線彎曲幅度過大。當這種現象產生，脊柱底部的彎曲幅度也會跟著加大，腰會往前推，在背側出現凹陷的空間。而正面又發生了什麼現象呢？你的胸口會內縮，肚子也跟著凸出。

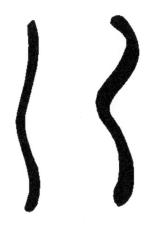

◀微微彎曲的脊柱與彎曲
幅度過大的脊柱

「姿勢」就是我們支撐身體的方式，偷懶駝背的姿勢不僅不美觀，也有礙健康。

胸腔裡有心臟和肺臟，當胸口內縮的時候，心肺的運作便會受到阻礙，長期下來會產生問題。而腹部裡的腸胃負責消化食物，鬆垮的姿勢會使腸胃往前下垂，因此影響消化。這就是為什麼偷懶的姿勢不僅不好看，也不健康。

除了站立和行走的姿勢，你也應該想想怎樣是正確的坐姿。你的下背部應該要貼緊椅背，如果要向前閱讀或寫字，應該要從臀部開始施力，而不是讓腰或肩膀用力。

保持良好健康的姿勢，最重要的大原則是：站直、行正、坐端。

想像一下印度婦女如女王般優雅的行走姿態，這是因為她們習慣用頭頂著水壺，並保持平衡。

除了脊柱之外，腿部和腳部也能幫助我們保持正確的姿勢。由於

「姿勢」是我們支撐身體的方式，
駝背不但不美觀，也會影響心肺和腸胃運作。

19

我們是直立的生物，身體的重量都會落在腳底。我們腳的構造堅固又精緻，不像大象的那麼粗壯。然而，身體的重量並非由整個腳底所乘載，而是由這三個部分分擔：腳趾、腳球和腳跟。因此，腳球和腳跟之間的足弓是懸空的。當我們行走時，重量首先會由腳跟承受，隨著步伐前進，再轉移到腳球和腳趾，這是一個循環的動作。與大象沉重的踩踏不同，這就是我們人類的行走姿態。

承載體重的腳趾、腳球和腳跟都具有特別強健的骨頭。腳跟的骨頭是其中最強壯的，但足弓的骨頭就不是如此，因為那不是用來分擔重量的部位。足弓塌陷或是扁平足的人走路會容易累，因為他們的足弓弧度較小，使足弓較脆弱的骨頭得承受身體的重量壓迫。

有些居住在炎熱地帶的人會赤腳走路，但我們所處的氣候則適合穿鞋子。選擇適合的鞋子是很重要的，特別是當我們的身體還在發育的時候。一雙合腳的鞋子，在大拇趾前方要留有一點空間，但鞋子的寬度應該要是剛好的，和腳最寬的部分一樣寬。而在腳跟的部分則要貼合，不會滑動或磨腳。

不合腳的鞋子容易引發雞眼（增厚的硬皮），甚至是令人疼痛的拇趾滑液囊炎（拇趾關節腫大，又稱「拇指外翻」），這些其實就是雙腳在對不適合的環境提出抗議。雖然我們通常不會刻意傷害自己，但仍有許多人會基於追求時髦而穿著不適合的鞋子。

另一個要注意的就是尖頭鞋。在自然的狀態下，我們的腳趾是各自分開的。但如果穿上尖頭鞋，腳趾便被擠壓在一起，時間久了就

會變形。如果鞋子太小，腳趾不但會彼此擠在一起，還會被往後推，造成雞眼和關節腫大。

　　穿著高跟鞋實在是一種傷腳又傷身的行為。你的腳會因此扭曲變形，處在不自然的狀態，全身的重量落在腳球和腳趾，幾乎沒有分配給最堅硬的腳跟。如此一來，腳的前端便負荷過重，壓迫過度，而其他應該要正常運作的部分卻沒有在出力。穿高跟鞋也會讓小腿的肌肉經常收縮緊繃，肌肉長度會因此縮短，穿回一般的鞋子時便會感到不舒服，這也就讓你更難穿回正常的鞋子了。

　　高跟鞋帶來的危害可不限於足部和腿部。穿高跟鞋站立時，你的身體會被迫前傾，失去垂直的姿勢。而為了平衡前傾的力量，肌肉就會用力把身體拉回，使脊柱的彎曲幅度加大，頸部後方隆起，腰

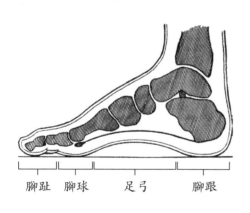

腳趾　　腳球　　　足弓　　　腳跟

▲腳的構造

© Ada S. Ballin @Wikimedia Commons

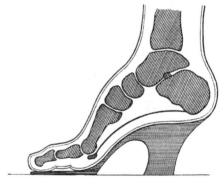

▲穿著高跟鞋使腳球和腳趾負荷過重。

© Ada S. Ballin @Wikimedia Commons

　　　　　　為了追求流行而穿不合腳的鞋子，
不但影響我們的站姿，更是傷腳又傷身。

部背側產生難看的凹陷，這就是前面所提到不美觀又不健康的姿勢。高跟鞋更會造成頭痛、血液循環不佳以及各種不適。

鞋子應該要讓你能夠輕鬆舒適的行走，而不是讓你缺乏支撐或無精打采。行走本身不僅是一個能從此地到彼處的方法，也是一個能促進健康的活動。有些人在辦公室坐了一整天，接著又坐在車上，到家之後依然繼續坐著，這其實是在傷害自己的健康，心臟、血液循環和消化系統的機能都會因此衰退。身體需要行走，就像需要空氣和食物一樣。

要走就要走得正確：雙腳朝向正前方，腳踝不宜過度分開。如果是沿著地板上的直線行走，我們的腳應該要和直線盡量保持平行，不呈外八或內八。

多觀察別人走路的姿態，你可以從中看出很多線索。心情愉悅的人腳步輕盈，哀傷的人腳步沉重拖曳；有自信的人步伐堅定，懶惰的人則無精打采。

▲正確的步伐及錯誤的步伐

Chapter 3

頭部、軀幹與四肢
組成人體的三種樂器

我們學到了直立行走的方式,以及用正確的姿勢走路、站立和坐是多麼重要,現在我們要來探討直立行走所產生的結果。

試想一下馬或牛,牠們以四隻腳穩定的站立,不用額外花費力氣就能平衡。當然,馬可以豎起上半身以後腳站立,不過牠們無法維持這樣的姿勢太久,這卻是我們平時習慣的姿勢:以頗為細長的雙腿平衡身體。由於支撐身體的重責大任交給了雙腿,手便能空出來做各式各樣人類才能做的事。

當母獅獵殺了一頭羊並且要將牠帶給幼獅,牠就得用嘴去移動這頭羊;若大象想要摘取樹枝,就得用上牠的象鼻;鳥則是用喙來築巢。動物使用頭就像我們使用手,對牠們來說,頭具備了一些肢體的功能,使用的時機就跟我們使用手的時候一樣。

人的頭部不用從事勞力的工作,但是我們會思考、產生想法,並發明新的東西。動物不會發明新的東西,雖然蜂窩的巢室和鳥巢已

▲馬以四肢腳穩定的站立，不用額外花費力氣就能平衡。

經存在數百萬年，但是只有人的腦袋會思考，因為我們的腦袋不用付出勞力。只有人類可以書寫、描繪和塗色，可以做出跑得比馬還快、飛得比鳥還高、游得比魚還快的工具和機器。我們之所以能自由的運用雙手創造與發明、用腦袋自由思考，都是因為具備了直立行走的能力。

　　剛開始學小提琴，你得先從正確的拿琴開始學起，而每個人的靈魂也都是先從拿好身體這個樂器開始，也就是直立。仔細想想，我們的身體是多麼的精美啊，有頭腦可以用來思考、有雙手用來製作東西，還有雙腿用來支撐身體。手和腿倒是有些類似的地方：我們用它們來做事，就像樂器，而頭腦則是用來思考的樂器。此外，位

在頭跟肢體之間的心臟與肺臟等，就是用來感受的樂器。

身體其實是個三合一的樂器，我們可以看到靈魂具有三種樂器，在身體以不同形式呈現，每個樂器都有各自的特殊樣貌。

我們的頭是圓的，頭骨是一個球體，就像籠罩著我們的藍天。

而四肢，包含手臂、手掌、腿部和足部，跟頭有很大的差異。手臂和手指的骨頭是直的，當然不是像尺一樣直，但是跟頭比起來，它們是相對直的。事實上，它們是中空的管柱。

我們球形的頭象徵著宇宙，直線的四肢則指向地球。

在頭和四肢之間還有肋骨。用手指觸碰手臂內側的軀幹，你感覺到的就是肋骨，它的形狀剛好介於球體和直線之間，是有開口的圓形，形成了一種半開式的框架。

當你握拳，手就像是頭骨的樣子；若把手張開，就像四肢的骨頭；若是握拳後再打開一半，就像是肋骨。所以，骨頭的形狀清楚的告訴我們身體是個三合一的樂器。

還有其他例子可以說明這三種樂器各自的特色。柔軟的大腦位在頭部裡面，由外圍的堅硬球形骨頭所保護。四肢則剛好相反，外層是柔軟的肌肉，裡面才是骨頭。在身體的中段部位，情況則是混合的：肋骨不像頭骨那樣堅硬，而且還是半開放式的構造，柔軟的器官被籠罩在其中，裡面沒有任何堅硬的骨頭。因此，我們有兩種相反的構造：頭部外硬內軟、肢體外軟內硬，以及第三種，介於其中的混合型。

學習小提琴要從拿好樂器開始，
而靈魂拿好身體的方式就是直立。

現在來看看這三者是如何運作的。使勁的搖頭或擺動它並不會幫助你思考，頭腦要在休息或靜止的狀態下才能運作，它的設計就是只能做很有限的運動，不適合勞動，這樣才能思考。

但肢體剛好相反，它們就是靠移動來發揮作用。當然，它們也需要休息，但是休息的時候就無法發揮功能。當手腳在工作時，它們總是在移動。我們還有混合型的心和肺，它們的運作方式不像腦袋那樣靜止，也不像肢體那樣到處活動，而是規律的運作：心臟會跳動，肺臟吸氣又吐氣。

因此，思考、感受和做事這三種活動，分別對應著身體的不同樂器：

身體部位（樂器）	對應的活動	樣貌	對應的手部動作	特色	運作狀態
頭	思考	球體狀	握拳	外層堅硬內部柔軟	靜止不動
軀幹（心與肺）	感受	圓弧狀	半開的拳頭	介於頭與四肢之間	規律運動
四肢	做事	直線狀	張開的手	外層柔軟內部堅硬	自由的移動

Chapter 4

我們為什麼需要睡眠？

依循規律運作的生命節奏

在繼續探討直立的人體之前，有些事情需要先了解。我們並非總是處在直立狀態，睡覺時我們便是平躺著的。如果有人問我們為什麼要睡覺，我們可能會回答「因為疲累」。但是才剛出生幾天的新生兒沒有玩耍、走路或跑步，什麼事情都還沒有做，根本沒有會讓他疲累的事情，卻拿大部分的時間來睡覺。或者，那些生重病的人臥病在床好幾天甚至幾個星期，也沒有在工作或走動，卻睡得比健康的人還要多。

由此可知，我們需要睡眠，就像需要空氣和食物一樣。但我們還是得了解為什麼需要睡眠。當我們睡著的時候，頭腦沒有在工作，手和腳也沒有在運動，它們都在休息。而心臟和肺臟卻無時無刻都在運作，沒有一刻停歇。身體的其他部位也許會進入睡眠或休息狀態，但是心臟卻不這麼做，這挺不尋常的，為什麼心和肺可以持續運作七十、八十年，甚至九十年都不休息呢？它們不會累嗎？原因

就在於它們是依循規律的節奏在運作，而規律的運作並不會讓你感到累，反而會讓你有力量。

當士兵在長途行軍時，他們會踩著規律的步伐，隨著穩定的節奏前進，他們也常利用鼓聲或音樂來帶動節奏感。跟隨意亂走比起來，這樣可以走得更遠，也比較不會累。規律會帶動力量，古時候水手在船上隨著船歌工作也是同樣的道理。

心跳有規律，肺的呼吸也有規律。我們整個身體其實也有規律，那就是睡眠和清醒的規律，可以讓身體健康又強壯。

正如肺從吸氣轉換到呼氣，身體也會從清醒進入睡眠。我們每天大約會呼吸25,920次（每分鐘18次，乘以60分鐘再乘以24小時），而我們的一生，若以平均年齡71歲來計算，大概會睡覺25,920次，這比呼吸的頻率還慢得多，但它依然是個規律。

清醒和睡眠是生命裡週期較長的節奏，就像吸氣與吐氣是生命中較輕快短小的節奏。當我們覺得睏，就代表身體想要從規律節奏的其中一半進入另外一半，就是這個生理的需求、身體對下一段節奏的渴望，讓你感到疲累或想睡覺。你並不是因為累所以想睡，正好相反，你感到累是因為身體想要睡覺、想要進入規律的另一半。但你的心臟與肺臟還是會依照自己的節奏繼續運作。

不過，可別以為睡覺時一切都停止了。科學家做過精密測量，發現小孩的生長主要發生在睡眠期間，而不是清醒的時候。這樣我們就了解為什麼小嬰兒總是在睡覺了，因為他們成長得很快，而成長

▲成長階段的孩子需要比發育完全的成人更多睡眠時間。

需要睡眠。當然了，這不代表睡久一點就一定可以長得比較高。

　　除此之外，科學家也發現，修復癒合嚴重創傷主要也是在睡覺的時候進行，而不是在白天。這也是手術後的病人更需要休息和睡眠的原因，他們不是因為疲累而睡，因為他們並沒有從事什麼勞累的事情，他們需要用睡覺來修復手術的傷口。這個道理對所有病痛都適用，自古以來人們就知道，如果缺乏睡眠，任何藥都不會有效。最強大的療癒之道就是睡眠。

　　只要孩子還在成長階段，就需要比發育完全的成人更多的睡眠時

清醒與睡眠是身體的規律，
維持身體的規律能使我們健康又強壯。　29

間。如果身體需要10個小時的睡眠來生長，卻只得到6個小時的睡眠，就無法如預期的那樣強健，此時身體的生長會變得匆促，而匆促行事絕對不會產生最好的結果。所以只要這樣問自己：「我長大的時候，想要有一個健康的身體，還是虛弱的身體？」如果你想要健康的身體，那就需要睡10～12個小時。成人所需的睡眠時間大約是6～9小時，而年長者的需求大約是5～7小時。

有科學家曾經想探討，人如果一直保持清醒不睡覺，會發生什麼事。有位學生自願參與了這項實驗。當他們30個小時不睡的時候，一切都還算正常，但在那之後，他們的心智便開始出現過勞的跡象，他們失去記憶，甚至不記得自己的名字。在60個小時（也就是兩天半）都沒有闔眼之後，他們開始看到不存在的影像、看到有人攻擊他們，並且發出恐懼的哀嚎。實驗到這個階段隨即結束，學生們都去睡了好長的一覺，當他們醒來，一切又恢復正常。因此，不只是身體，心智也需要睡覺。我們的身心會在睡眠中更新修復，這也就是為什麼我們需要一定的睡眠時間。

當我們睡覺的時候，心臟依然繼續跳動，但比清醒的時候慢了一點，呼吸也是一樣。身體的溫度在睡眠時也比較低，所以要適度的蓋上被子。另外，雖然有點奇怪，但當我們熟睡時，會有更多的血液流向腿部和足部，頭部的血流則會減少，所以要特別注意下肢的保暖，有些人就因為在冰雪中睡著而被凍死了。

另一件要注意的事情就是，在睡前可別觀看任何會讓你興奮或害

怕的東西，興奮會驅散睡意，也會讓你睡得不安穩。若成長中的孩子沒有獲得充足的睡眠，成年之後還是得把該睡的時間補足。若是剛飽餐一頓，也不適合馬上去睡覺，因為消化食物是身體該做的工作，若食物在胃裡面沒有消化完全，反而會妨礙健康所需的深度睡眠，甚至讓我們做噩夢。

準備睡覺最好的方式是進入平靜的感受，而感受內心平靜的最佳方式是由衷的向神禱告，因為祂掌管著寧靜。現今很多人有失眠的困擾，還因此服用各種藥物或營養品，這其實很傷身體，失眠真正的解方並不是我們以為的那樣。我們都知道，睡眠是規律的其中一半，如果失眠的人能養成每天都在固定時間做某一件事（無論是什麼）的習慣，就會把節奏和規律感帶入生活，睡眠的問題也就可以不藥而癒。

從睡眠中甦醒也是很重要的。在刺耳吵雜的鬧鐘聲中醒來實在不太好，像日出那樣自然而然緩慢的醒來才是比較好的。如果你告訴自己「我要在7點半起床」，只要有睡滿10～12個小時，無需鬧鐘也能做到。

睡前不觀看影響情緒的東西才能平靜的入睡，
讓我們的身心在睡眠中更新修復。

Chapter 5

皮膚

保護我們身體的盔甲

我們已經了解了人體的三個部分：頭部、四肢，以及位於之間的部分。我們其實可以用手「模擬」這三種構造——握拳的時候，拳頭就像球形的頭部；把手張開，手指就像筆直的四肢；如果讓手指微彎、介於兩者之間，就像是肋骨的樣子。如果我們丟球，那會是什麼樣子呢？首先，我們會拿起或抓住球，為了把球拿好，手會呈現像頭部的圓形。為了要把球丟得很遠，我們會移動手臂，並且把手張開，就像伸展四肢那樣。當手的形狀跟頭一樣，就具備了接受的功能；當手的形狀跟四肢一樣，便具備了給予的功能。

如此一來，就可以知道頭是怎麼運作的。頭可以透過眼睛和耳朵來接收外界的東西。四肢則是在外界中運作：我們用手製造東西，用雙腿移動身體。在身體的中間部位，兩者便融合在一起：當我們吸氣，就是從外界取得；當我們呼氣，就是把東西往外送。這就像是人生充滿了收獲與付出。我們小時候，從父母和老師那裡得到很

多；當我們長大，就會為孩子和他人付出。

我們再回來探討人體。身體的內與外，它的界線在哪裡呢？就是皮膚。皮膚包裹並圍繞著整個身體，是個神奇的東西。有時候皮膚會像頭一樣從外界獲得東西，例如，我們怎麼知道東西是平滑還是粗糙？是冷還是熱？就是透過皮膚。如同眼睛可以告訴我們顏色和形狀，皮膚能夠讓我們知道東西的軟硬、粗細和冷熱。但是皮膚也像四肢，會對外界傳送訊息，待會我們再來探討這個部分。

先來了解皮膚的功能。皮膚最重要的功能是保護身體，它是身體的盔甲，但並不像騎士的盔甲那麼堅硬。皮膚既有彈性又能伸展，特別是膝蓋和手肘的地方，那些部位經常彎曲和伸展。

皮膚另一個了不起的特性就是單向防水。當我們遇到下雨，或者在游泳及洗澡的時候，水通常不會進入我們的身體，因為皮膚是防水的，外面的水不容易進來。但是當你流汗，皮膚就會讓水通過、向外排出，這時皮膚就不防水了。因此，皮膚讓水分可以出去外面，但不能從外面進來。

不過，皮膚會一直變化。為了要了解這是什麼樣的變化，我們就要來看皮膚某個特別的部分，它很小，卻能讓我們學到很多。指甲也是皮膚的一部分，它從皮膚生長出來，而且會一直生長，所以需要修剪。如果沒有修剪，過長的指甲就會斷裂。但是當你修剪指甲的時候，只能剪去最上面的部分，剪得太深會讓你受傷。最上面的指甲是死的，所以在修剪的時候不會有任何感覺。下面的指甲則是

人體有自己的盔甲，

皮膚就是富有彈性的盔甲，能夠保護身體。

活的，是活皮膚的一部分，所以修剪這裡會讓你感覺到痛。如果你在指甲上做記號，幾天後會發現這個記號往上移了，再過幾天又移得更高，最後這個記號會移動到死掉的區域，就可以被剪下來。指甲會一直從底部新生，又從上面死去。

你全身的皮膚都跟指甲一樣不斷的生長，從新生到老死。外面的皮膚都是死的，最外層的死皮會剝落，我們也會一直從內部長出新皮膚。當你梳洗的時候，多少可以看到剝落的皮膚，這就是最外層的死皮。從頭到腳，皮膚都像指甲一樣，在下層新生，從上層死亡並剝落。下層的活皮膚稱為「真皮」，上層則稱為「表皮」。

死去的表皮對於下面的真皮來說是很重要的。當你的傷口癒合，新長出來的皮膚是很稚嫩的，若有碰撞或摩擦就會感到疼痛。但過了一段時間，當上面有了一層死去的表皮，你就不會感到痛了，因為稚嫩的真皮有了表皮的保護。表皮就是一層由透明的細胞所組成的盔甲，能保護下面的真皮。人如果只有真皮，全身都會像剛癒合的傷口那樣一碰就痛，這樣的皮膚就太敏感脆弱了。敏感的真皮就是這樣被表皮所保護著。

表皮最外層的透明皮屑會不斷的掉落，你的手心和腳底就是如此。當你在做事和走路的時候，手和腳的表皮會受到摩擦，因此手心和腳底的表皮磨損得比其他地方都快。但是這裡的皮膚並沒有被磨光，因為它們的表皮比較厚。經常赤腳走路或是從事粗重工作的人，在腳底和手掌都會有特別厚的表皮，因此，如果一個人的手上

有一層硬皮，你就知道他可能常做粗重的工作。我們的身體會確保柔軟的真皮受到很好的保護，柔軟的真皮會在幾個星期之內死掉，成為下方新生真皮的保護層。

　　表皮還有另一種樣貌，那就是頭髮。一根頭髮只有長在皮膚裡的根部是活的，所以如果有人拉你的頭髮，只有在髮根的地方會感覺到痛，其餘的部分再怎麼修剪也不會痛，因為它們是死的。頭髮的生長就像皮膚一樣，新的頭髮從根部長出，把老舊的部分往上推。指甲、皮膚和頭髮都以同樣的方式生長。髮根之間的頭皮也會一點一點的剝落，由於我們洗頭的頻率並不像洗手那麼高，因此我們必須清潔，才能去除這些剝落的皮膚（也就是頭皮屑）。

　　蛇每隔一段時間就會脫去全身的皮，或稱「蛻皮」，我們也是一樣，只是我們的皮膚是一點一點的剝落。

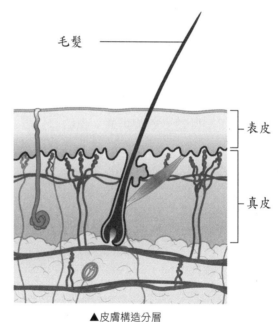

毛髮

表皮

真皮

▲皮膚構造分層

皮膚會一直汰舊換新，
真皮不斷長出新的皮膚，而表皮的死皮則會剝落。

Chapter 6

如何保養皮膚
簡單的清潔步驟，帶來健康好氣色

我們剛才認識了皮膚的兩個部分：上層死亡的表皮以及下層活的真皮。氣色就是來自皮膚的下層，無論你的臉色是紅潤、蒼白還是枯黃，都是因為真皮的關係。每個人都想要常保好氣色以及紅潤的臉頰，就讓我們來看看該怎麼做吧。

如果用毛巾頻頻摩擦臉頰，即使是原本蒼白的皮膚也能暫時變得紅潤。這麼做雖然效果短暫，但是可以讓我們對臉色紅潤的原因有些大略的概念。真皮層裡有很多細小的血管，當你摩擦皮膚，這些小血管裡的血液就會變多，也流動得更快，暢通的血流就是臉色健康紅潤的原因。

當然，外部摩擦只會有短暫的效果，所以我們需要更好也更持久的方法來暢通血流。這其實很簡單，就是要促進整個身體健康：

• 多運動，呼吸新鮮空氣。

- 攝取新鮮的水果和蔬菜。
- 維持規律且充足的睡眠。
- 腸胃有良好的蠕動。

這些都是身體所需要的，如果你能用心做到，皮膚自然就會健康。就像溫度計可以顯示房間裡的溫度，皮膚也可以反應出你的生活習慣是否健康。

身體的健康狀態會影響皮膚，並且帶給你健康的好氣色，反過來也是如此。

皮膚對身體的健康也有貢獻。我們都聽過維生素，身體對這些物質的需求並不多，但是它們卻像米飯一樣不可或缺。維生素有很多種，是以英文字母命名，例如：A、B、C、D等，可以從新鮮的蔬果中攝取。

皮膚會製造其中一種維生素，即「維生素D」，並供應給身體。維生素D是身體所需要的，我們可以從食物中獲得，也可以透過皮膚獲得。食物所含的維他命D通常不夠，而皮膚需要充足的日晒來合成維生素D。如果有人因為居住在陰暗的地方而無法獲得足夠的日照，皮膚就無法產生維生素D。這會帶來什麼影響呢？

身體最需要維生素D的地方就是骨頭。如果無法從皮膚獲得維生素D，骨頭就會變軟，雙腿就會因為無法支撐身體的重量而彎曲，這種狀態稱為「軟骨病」。很久以前，有許多工廠的員工，他們全

保持暢通的血流、維持身體的健康，
皮膚自然也會展現健康的好氣色。

家居住在一條窄小、擁擠又黑漆漆的街上，抬頭都看不見一點陽光，就有好幾千人罹患了軟骨病。但是現在我們懂得更多了，我們知道人的皮膚需要陽光，身體才能打造出堅硬的骨頭，所以街道和房屋的設計都讓我們照得到太陽。

我們可以透過牛奶、乳酪、奶油、蛋和魚油來攝取維生素D，但光靠飲食是不夠的，所以日照是很重要的來源。生活在好幾個月都缺乏日照地區的因紐特族人（the Inuit，居住在北極圈周圍的美洲原住民）會食用生肉來攝取維生素D。

皮膚需要陽光來製造身體所需的維生素，但陽光的照射要適度，不宜過多。因此，當真皮接受到足夠的日照，暫時不需要陽光時，它就會為自己遮光，產生一種黑色的生物色素，稱為「黑色素」。皮膚就是這樣利用棕黑色來阻擋過多的陽光。在炎熱又刺眼的陽光下居住了數千年的族群，例如某些非洲地區的居民，他們出生後皮膚很快就會產生這層深色的保護色素。

膚色較淺的人要特別小心日晒，像是金髮或紅髮的人，他們的皮膚無法產生很多色素。金髮的人皮膚缺乏色素，也不容易晒黑，所以在陽光下不宜待太久。即使是黑髮的人也要小心，日晒要循序漸進，讓皮膚慢慢的保護自己。如果真皮在短時間照射了過多的陽光是會受傷的。

皮膚是身體很重要也很細緻的一部分，因此需要多加保養，清潔就是首要的工作。這些我們都知道，但是究竟為什麼要保持皮膚的

清潔呢？

皮膚最上層的表皮是死的，會變得又乾又裂，但是下層還活著的真皮會透過毛孔往上輸送一些油脂，維持表皮的柔軟與彈性。

毛孔也會把汗水輸送到表面。汗水是鹹的，含有水分和鹽類，當水分蒸發，剩下的就是鹽。鹽會和油脂、死去的皮屑、外界的塵土和髒灰混在一起，在皮膚表面堆積，我們稱之為「汙垢」。

汙垢會堵住毛孔，阻礙油脂跟汗水排出，對身體不好，同時也容易滋生細菌。所以汙垢不僅不好看，也有礙健康，是細菌的溫床。

另一個跟汙垢差不多、也對皮膚不好的東西，就是某些化妝品和面霜。這種東西通常用油脂和蠟混合而成，油脂會跑到毛孔裡造成堵塞，蠟則會覆蓋在毛孔的開口上形成薄膜，結果就是讓油跟汗堆積在毛孔裡，皮膚無法正常的運作，就會變得比較薄，也更容易產生皺紋。如果你的氣色很好，就不需要化妝，如果氣色不佳，使用化妝品也只會讓情況更糟。

皮膚所需要的，就是用肥皂和溫水（不是熱水或冷水）清潔而已。洗過臉的肥皂，只要再用冷水沖洗一下，就完成了皮膚保養所需的一切。

細緻的皮膚需要良好的保養，
以肥皂和溫水洗臉是清潔皮膚最好的方法。

Chapter 7

身體與人體四大元素
由「土、水、風、火」四元素組成的身體

散步在山丘上，你可能會經過湖或池塘，岸邊有很大的岩石，上面有生過火的痕跡。清新的風吹過天上的白雲和湖邊的樹林，讓葉子發出沙沙的聲音。有了這些岩石、湖泊、風和火焰，我們就對四大元素有了概念：堅實的大地、漣漪波動的水、吹動雲和樹林的風，以及被這些所環繞的火。這就是由土、水、風、火四元素所組成的風景。

在這個景色當中，四大元素就像用顏料在你面前作畫。現在，想像你走在街頭，不小心撞上一個人。你可能以為他像岩石一樣是純粹的固體，其實不然。人體由四種元素所組成，即「土、水、風、火」，其中只有一部分是固體。我們在大自然中所看到的元素也存在人的身體裡面，並且以特殊的方式相互組合。

我們就從火開始說起。人體具有一定的溫度（37℃），有時會出現些微的變化：白天略高，晚上略低；跑步時略高，坐著時略低。

但整體來說，我們維持著一定的體溫、一定的熱度。這個溫度具有什麼形狀嗎？當然是跟身體的形狀一樣，它充滿全身，包括血液、肺臟和心臟。這些構造都是有溫度的，雖然彼此之間會有一點點的差異。因此，我們有個「火的身體」。

接著，我們來看風元素，也就是我們吸進來又呼出去的東西。當我們吸氣時，空氣不只進入肺臟，也會透過血液被運送到身體的每個角落，若有哪一處得不到空氣，我們就無法存活。因此，不只肺臟會呼吸，我們全身都在呼吸。我們所呼出去的氣來自身體的各個角落，包括骨頭，我們所吸進的氣則會進入身體各處，因此我們有個充滿風元素的身體。這個「風的身體」在吐氣之後依然存在，因為體內的氣不會完全排出，總會留有一些，就像火的身體一樣。

接下來是水，我們就從整個地球開始說起。如果你看著一個地球儀，會發現上面有好大的一部分是藍色的，海洋比陸地還多很多。事實上，地球表面大約有三分之二都是海洋，只有三分之一是陸地。人體也剛好是這樣：三分之二是水分，三分之一是固體。我們的血液當然大部分是液體，即使是肌肉也有四分之三的比率是水，身體只有骨頭和牙齒是堅硬的固體，但其中依然含有水分。骨頭中約有五分之一是水，在潔白的琺瑯質中也有2%。身體沒有哪一處是沒有水分的。

我們不只有火的身體、風的身體，也有「水的身體」。這個水的身體還佔了三分之二呢！我們的體重約有三分之二是水，固體只佔

自然界的元素也存在人體之中，
「土、水、風、火」組成了我們的身體。

了三分之一。

　地球的表面有三分之二是水，也就是海洋，但海洋並非純水，而是帶有鹽類的鹹水。我們身體裡的水也是鹹的，如果你嘗過眼淚和汗水，或是割傷時血液的味道，就知道它們都是鹹的，因為裡面含有鹽類，就跟海水一樣。如此我們就不難理解為何科學家認為海洋是生命的起源了，當生物離開海洋到陸地生活，海水也就隨著牠們的血液上岸。

　成人的身體有三分之二是水，但是讓我們來比較一下嬰兒和老年人。老年人看起來十分乾枯，骨頭缺水又易碎。相較之下，嬰兒的身形圓渾又柔軟，連骨頭也很柔軟且充滿水分，含水量大約是四分之三。除此之外，嬰兒剛開始只能吃液狀的食物。人的生命一開始是富含水分的，變老的過程有點像是逐漸乾枯。但是一個65公斤的成年人，全身也含有44公斤的水，這可是超過40公升呢！

　我們有三分之二是水，而且是帶有鹽分的水，所以就像是個行走的海；而固體的部分，例如骨頭，就像是海洋裡的板塊和小島。身體裡有水分的地方才是活的，液體會將我們攝取的食物和吸入的空氣輸送到各個地方，讓我們得以生存。我們的固體組成也要有水才能運作，就像地球上若沒有水，就不會有生命。

　我們具有火的身體、風的身體、水的身體和土的身體。但是，這四者並非彼此獨立，而是存在彼此之內，在身體的各處相互融合。以皮膚來說，它有熱度、有空氣（由血液供給）、有水（沒有水會變

得乾硬），也有固體（不像水會到處流動的成分）。

　　我們的全身都是如此，火、風、水、土四個元素跟彼此相互交融。血液裡的水分較多，只有五分之一是固體；骨頭裡則是固體較多，只有五分之一是水；至於溫度和空氣，整個身體當中的比率都差不多。這四大元素隨處可見，你在外界所看到的岩石、湖泊、風和火，都在你的體內彼此融合交織在一起。

　　現在我們來看風的身體。當我吸氣時，空氣會進到身體的每一處，融入風的身體；當我呼氣，部分風的身體便會消散掉。接著再次吸入新的空氣、呼出舊的空氣。這樣一來，每當我呼吸，風的身體就會跟著改變。

　　我有個風的身體，而組成這個身體的空氣每隔幾分鐘就會換新，跟以前不再一樣。

　　火的身體也有同樣的現象。身體的溫度會散失到外界，天冷的時候，身體所逸散出去的熱會讓房間比空無一人的時候更溫暖。身體的熱會一直逸散，但也會不斷的補充。身體會用我們吃的食物製造熱能，所以天氣冷的時候身體就需要較多的食物，我們也就吃得比較多。因此，這個火的身體也是不斷處在變化之中，大約每幾個小時就會全面換新。

　　水的身體也會改變。平時我們喝水、茶和牛奶的成分大部分也是水，甚至許多我們稱為「固體」的食物也富含水分，例如肉和蔬菜。我們也會排除水分，透過呼吸，我們排出的不只有空氣，也有

自然界的元素在體內並非獨立存在，

「土、水、風、火」四元素在身體各處相互融合。

水分。在寒冷的天氣裡你可以看到呼出的水變成霧氣，而天氣熱的時候，你就得對著冰冷的玻璃呼氣才能看到。除此之外，有更多水是從汗與尿液排出的。因此，體內的水也是不斷更新的，只是速度不如風和火的身體。根據科學家的發現，體內的水大約每三個星期會全面換新一次。

風的身體每幾分鐘就會全面換新，火的身體則是幾小時，水的身體是幾個星期。至於身體的固體成分，即土的身體，當然也會不停的變化。

大自然四大元素	人體四大元素
土	土的身體（例如：骨頭）
水	水的身體（例如：血液）
風	風的身體（例如：呼吸）
火	火的身體（例如：體溫）

▲大自然與人體的四大元素（編輯整理）

Chapter 8

不斷變化的身體組成

汰舊換新的身體組成
以及延續的靈性與靈魂

我們有很多機會可以看見彩虹，有時它會出現在瀑布或水管所噴灑出的水氣裡。若在晴天之下背對陽光，而一公里外的地方下著雨，你也可以看到彩虹。雨滴就像稜鏡一樣，會讓光線產生折射而散開，也像一個屏幕，讓你可以看見彩虹。

天上的積雲看起來是靜止的，維持著不變的形狀，但是裡面的微小水珠其實一直在改變。邊緣的水珠會蒸發不見，新的水珠又在下方凝結生成。雖然雲的形狀和位置並沒有改變很多，但組成雲的水珠卻不斷的變化，時而蒸發，時而凝結。

彩虹看起來不會動，但它是由不斷變化的小水珠所形成；雲看起來不會動，但它的水珠也一直在變化，這個道理在人體也適用。體內風的成分每幾分鐘就會更新，火的成分幾個小時就會更新，水的組成則是需要幾個星期的時間汰舊換新。那土呢？身體的固態成分呢？身體的每個部分、器官都含有固態的成分，即使是血液。如同

水在身體的不同部位具有不同的比例，固體也是一樣，它在骨頭多一些，在血液少一些，但全身都有。

還記得皮膚嗎？新皮膚在內部生成，把舊皮膚往外推，成為表皮而剝落。指甲也是一直在生長，舊的指甲被往外推，最終被修剪掉。身體的每個角落都在上演一樣的情節，從心臟、肺臟、血液到骨頭都在不斷的汰舊換新。有些東西會透過汗水被身體排出，有的則是透過尿液、消化道和表皮。

鈣是讓骨頭堅硬的物質，牛奶就含有許多鈣質可以讓你長出強健的骨頭。如果人無法從食物中獲得足夠的鈣，時間久了身體裡的鈣會越來越少，骨頭就會因此變薄、變脆，容易發生骨折（這有時會發生在戰爭期間，因為那時牛奶、乳酪和奶油不易取得）。所以，即使是骨頭也並非一成不變，它會緩緩的釋出既有的成分，若無法獲得所需的物質來生成新的骨頭，就會變得薄弱。但若有合適的食物，骨頭就可以重新生長。

也就是說，骨頭、心臟、肺臟、皮膚和血液都像雲那樣有固定的形狀，但是其中的成分會不斷的更新。不過，這種固態物質的轉變比火的身體、風的身體和水的身體還要慢，大約需要七年的時間才會全面的換新。

只要數分鐘的時間就可以讓風的身體換新，火的身體需要幾個小時，水的身體需要幾個星期，土的身體需要好幾年。整體來說，身體就像雲那樣形狀都差不多，但是其中的組成卻一直在變化。經過

七年的時間，你體內連最細微的地方都跟以前不一樣了。

　　你現在的身體跟七年前的不一樣了。體內的東西都跟以往不同，但你依然是同一個人。再過七年，現在體內的東西也將不復存在，但你還是你。這是因為你的「靈魂」能夠延續，也就是所謂的「你」，即使身體每一秒、每星期、每一年都在變化。

　　但是你的靈魂也會改變。你6歲時所喜歡的東西，跟現在喜歡的大概也不一樣了。再過十五或二十年，你的想法、感受，以及想要做的事，也會跟現在有很大的不同，但你還是同一個人。不變的是，現在以及這輩子你都會用「我」來稱呼自己，這就是「靈性」。

　　凡是看得見、摸得著的都在改變，就像氣息一樣來來去去（只是慢得多）；能夠延續下去的都是看不見的，也就是靈魂與靈性。

　　　　　　　　　　　　　身體組成會不斷的變化，
　　但是人類的靈魂與靈性能夠延續下去。

Chapter *9*

體溫的調節
保護火的身體的「內部太陽」

我們身體的溫度大致是固定在37℃，鳥類的體溫會高一點，馬和牛也是。也有些動物的血液溫度會隨外界改變，俗稱「外溫動物」。蜥蜴、陸龜和蛇就是外溫動物，陽光可以給牠們溫暖，牠們也喜歡晒太陽。夏天的時候牠們會透過晒太陽來暖和身體，因此可以說是仰賴外界來產生火的身體。

只要有太陽的光和溫暖，蜥蜴和蛇就可以迅速的活動。當秋天來臨、天氣逐漸轉涼，牠們的活動就比較緩慢遲鈍。如果再冷一點，牠們就會找個洞待在裡面準備冬眠，不再活動了。

需要熱才能活動的不是只有蜥蜴和蛇，其他動物和人也是。整個大自然皆是如此：如果沒有來自太陽的熱能，海洋的水就不會蒸發上升，也就不會有降雨和河流；如果沒有來自太陽的熱能，就不會有暖空氣向上流，也就沒有風。若沒有熱，世界就會靜止。

蜥蜴、蛇和陸龜要從外界獲得所需的熱能才能使用肌肉來活動，

如果日照角度過低、無法提供足夠的熱，牠們就得停止活動進入冬眠。但因為人類和其他內溫動物的血液裡都有自己的「太陽」，所以不需要仰賴外界的溫度。如果我們像蜥蜴一樣，天氣冷時就無法工作或玩耍了。無論天氣冷暖，我們都可以自由的從事活動，因為我們有自己的「太陽」，也就是火的身體。

靈魂會做三種事情：思考、感受和展現意志。靈魂展現意志的部分在哪裡呢？就在火的身體裡。當你在做某件事或任何需要努力的事，靈魂就會透過熱來產生作用。甚至當你很努力的在思考時，頭腦和臉頰也會熱熱的。火的身體就是我們的「太陽」，讓我們可以做想做的事情，不用受制於外界的條件。

讓我們再回到皮膚，因為它是個重要的角色，能保護火的身體。為了讓身體健康運作，維持體溫在37℃是至關重要的事。這就是真皮的任務，要把體溫維持在一定的範圍。

如果我們的體溫隨著外界的高溫上升，血液的溫度也會越來越高，這對心臟和其他器官都會造成傷害。但實際情況是，即使在最熱的天氣，我們的血液也沒有因此升溫，因為我們會流汗。當我們晾乾弄溼的手，會感覺手有點涼；當我們游泳完從池裡出來，溼答答的身體會冷得發抖（除非外界的溫度很高），但如果我們擦乾身體，就不會覺得那麼冷了。原因就是，水分蒸發的時候會同時把熱帶走。

無論是因為天氣很熱或是在運動，當我們感到熱，皮膚裡的汗腺

在火的身體之中，
靈魂透過熱能來展現意志。

49

就會把汗水經由毛孔輸送到皮膚表面。當汗水蒸發、把熱帶走，身體的溫度就可以維持正常。為了避免體溫過高，皮膚會用流汗來保護火的身體。

中世紀的佛羅倫斯城有個盛大的節日，大家會在那天做各種新奇古怪的打扮。有個年輕人想到一個聰明的好主意，把自己從頭到腳徹底裹上一層金粉，到處遊走十分引人注目，但是節慶才進行到一半他就突然倒下身亡。他的皮膚被金粉所覆蓋，因為無法流汗而死於過熱。

對抗寒冷，身體用的則是另一種方式。為了防止因為在水中待上數個小時而失溫，長泳的人會在身上塗一層油脂。油脂是任何種類的脂肪，可以保持內部的溫度，把低溫隔絕在外。脂肪導熱的效果不佳，所以可以隔熱。也因為這樣的緣故，生活在北極的動物，例如鯨魚、海豹和北極熊，體內都具有一層厚厚的脂肪。脂肪就像一道牆，保護體內的熱不受外界的寒冷所影響。我們的皮膚底下也有一層脂肪，可以抵擋外面的低溫。皮下脂肪較多的人，天氣熱時會流很多汗，但比較能夠忍受寒冷的天氣；皮下脂肪少的人，天氣熱時流的汗比較少，但遇到冷天可就高興不起來了。

Chapter *10*

維持體溫的衣著

向動物的智慧學習，
以正確的衣著保護火的身體

我們已經知道皮膚是如何保護火的身體，確保體溫不會超出正常範圍。這就像一個必須維持平衡的天秤，天秤的手臂可以做些微幅的震盪，但是絕對不能只往一個方向移動，否則會失去平衡。

保護我們內在的太陽，即「身體的熱」，是非常重要的，我們甚至會為自己「添加皮膚」，也就是穿上衣服。觀察大自然的一些現象可以讓我們更了解如何用衣物來保暖。例如，在夏天看到一隻停在樹枝上的歐亞鴝（又稱「知更鳥」，是一種在歐洲常見的鳥類，多在林地、灌木叢活動），你會發現牠的羽毛光滑、緊貼在身上。但如果是在寒冷的冬天，牠的羽毛就會變得蓬鬆。

為什麼會這樣呢？物質對熱的傳導性有好有壞，金屬就是很好的導熱材質，如果在鐵棒的一端加熱，另一端也會很快的熱起來。木頭就不是很好的導熱材質，或者可以說它是好的隔熱材質，即使木棒的一端在燃燒，我也可以安全的拿著另一端。脂肪也具有很好的

▶歐亞鴝　© Francis C. Franklin @Wikimedia Commons

隔熱效果。另外，雖然有點違反常理，但如果能夠控制空氣讓它停止流動，它也會有很好的隔熱效果。當歐亞鴝蓬起羽毛時，羽毛間的空氣流通就會受阻，因此幫助牠維持體溫。雖然羽毛不能完全的阻擋空氣流出，但這樣已經能減緩體溫逸散了。

　　讓歐亞鴝保暖的不是羽毛，而是羽毛間隙裡的空氣。動物的毛也是同樣的道理，裡面的空氣可以使牠們保持溫暖。當我們感到冷的時候會起雞皮疙瘩，皮膚上的毛會豎立起來，這多少也可以提供類似毛皮的保暖效果。

　　不過，人類身上的毛並不多（也沒有羽毛），所以我們會用動物的皮毛來加強保暖。早期的人會獵殺動物來取得皮毛，但後來發現有些動物的毛很好利用，也不需要殺害牠們，那就是綿羊的毛。

　　綿羊的毛可以保暖，因為毛纖維之間有空氣，但羊毛還有其他的

優點。如果你穿羊毛大衣外出時遇到下雨，雨滴會立在大衣的表面而不會滲進去，因為羊毛帶有油脂，所以你可以甩乾衣服上的雨滴。如果淋雨時你穿的是棉質的衣服呢？棉會吸收每一滴水，產生溼溼的印子並且貼在皮膚上。棉的吸水速度很快，羊毛則吸得慢，這就是天氣溼冷時，羊毛比棉質衣物來得保暖的原因。羊毛衣可以減緩體溫的散失，也比較不吸汗。至於棉，由於運動流汗後會溼溼的黏在皮膚上，因此讓人覺得冷，體溫也散失得快。

體溫不能下降得太快，這是很重要的一件事。體溫會不斷的散失是無可避免的，因為身體的熱會持續的逸散到周圍的空氣之中，而身體內部也會一直不斷的產熱。但是體溫的散失速度可不能大過產熱的速度，火的身體不能消失得太快，讓我們來不及補充新的。如果我們突然從溫暖的室內走到寒冷的戶外，或是在寒冷的天氣跑步，直到累了坐下來休息，這時身體產熱的速度就比不上散熱的速度，我們便可能會受到風寒。有些人身體產熱的速度很快，因此不容易受寒生病；反之，身體產熱慢的人就比較容易生病。

病菌也會讓你生病，它和風寒總是隨時環伺著，當火的身體不足時就會讓你生病。這通常是小感冒，但也有可能是比感冒更嚴重的肺炎，這會讓你的肺受到傷害。你可以在運動員、跑者、爬山的人身上發現，在大量運動之後他們經常會穿上保暖的衣物，像是羊毛衫或風衣，這麼做可以減緩身體流失熱能的速度。

身體有一處需要特別的保護，避免熱能快速散失，那就是下半身

動物運用皮毛來調節體溫，
人類則穿著保暖的衣物來保護火的身體。

和腿。肚子（正式的名稱為「腹部」）是消化食物的地方，也是全身溫度最高的地方。在這裡，複雜的消化器官沒有被骨頭所包圍，因此對溫度也特別敏感。而雙腿和足部也是。對於溫度，我們火的身體的下半身比上半身還要敏感，特別是在成長的階段。

有時你可能會在無意之中散失過多的熱，而迫使下半身用上所有的力量來產熱以彌補。在這種情況下，它就沒有多的力量來發育內部的器官了，等你長大之後，就可能會有肝、腎或胃的毛病。因此，天冷時要特別保暖下半身，讓它們能做好內部的工作。

天氣炎熱時，我們也要採取保護措施。我們已經知道，膚色深的人能用皮膚保護自己，但是膚色淺的人就需要用適當的衣物來保護皮膚。我們需要利用導熱性良好的東西來帶走身體的熱，這樣才能保持涼爽。這時，棉就是很好的質料，絲和亞麻更好。羊毛的質感比較粗硬，就像歐亞鴝蓬起的羽毛；絲、棉和亞麻的質地比較柔滑，就像歐亞鴝在熱天時光滑貼身的羽毛。歐亞鴝的羽毛就是我們在不同天氣的選衣指南。

人造纖維不太適合我們的身體，它也許看起來美觀，但是不足以保護火的身體。它在天冷時讓身體降溫太快，天熱時又不易讓汗水蒸發。

衣物的顏色也對保護火的身體有所影響。深色會吸熱，淺色則會反射熱能。因此，對於保護火的身體這個內部的太陽，我們所選擇的衣物是很重要的。

Chapter 11

消化作用
改變食物形態、取得身體建材的靈性作用

如果沒有身體的熱，我們無法活動，也無法使用肌肉和手腳。這股來自體內的熱讓我們無須仰賴外界的溫度就能活動。但火的身體會一直消散，需要隨時補充新的，因此我們必須進食。飲食也會換新水的身體和土的身體，只有風的身體是用呼吸來汰舊換新。

我們透過飲食來換新火、水和土的身體。只要活著，我們就需要從外界獲得材料來重建身體。自然界裡沒有磚塊，如果想要蓋房子，就得從泥土開始，依照想要的大小和形狀把它變成磚塊。食物也是一樣，生長在樹上和土裡的東西沒辦法被直接拿來重建身體，我們得先改變它們。如果要利用蘋果來重建身體，它就不能維持著原來的樣子，紅蘿蔔和蛋也必須被改變。這種改變蘋果、紅蘿蔔和蛋等食物並從中取得身體建材的過程，就叫做「消化」。

消化是一個神奇的過程。想想一隻專門吃羊的狼，不管吃了多少隻羊，牠的身體都還是狼，不會變成羊。如果一個人一輩子只吃羊

肉，不吃其他的東西，他擁有的還是人的身體。我們吃蔬菜、水果、蛋、乳酪和肉，這些都會轉變成我們身體的一部分，也就是人的身體。消化就是把這些跟我們不一樣的各種東西變成我們的肌肉、神經和血液的過程。

要消化蘋果、蛋、蔬菜和肉這些東西，首先要破壞、分解它們。我們吃進去的食物要被徹底的破壞，才能被身體利用。如果我們所吃的東西無法被身體破壞、分解，我們就會消化不良。

消化分成兩個部分：破壞並分解我們所吃的食物，以及利用它們來重建身體。蘋果、蛋和乳酪都要被分解得一點也不像原來的樣子，才能被拿來打造成肌肉和骨頭。

破壞食物的工程就從嘴巴開始，牙齒和唾液就是工具。當你舔一口甜食，糖分會溶解在你的唾液裡；當你咀嚼食物，牙齒會把它分成小塊並磨碎。這些步驟會在你的胃和腸子裡不斷的重複，把食物徹底分解，接著用來重建身體。

但其實食物被送進嘴裡之前，我們就已經開始破壞它了。這很奇怪嗎？其實就是透過烹煮。要破壞食物可得費上許多功夫，若在吃之前先加以烹煮、破壞一些，後續的工作就會比較輕鬆。

若是蘋果和柳橙，或其他我們生吃的食物呢？我們通常會吃已經成熟的蘋果，未成熟的蘋果可能會讓我們不太舒服。但是兩者有什麼不一樣呢？成熟的蘋果代表它有經過太陽的「烹煮」，所以我們吃的東西幾乎都是「熟」的，無論是煮過還是晒過。番茄、豌豆和

紅蘿蔔可以生吃是因為它們有經過陽光的熟成，太陽已經幫我們處理好了。

　　我們進食的時候，會咬下一口麵包然後開始咀嚼。咀嚼就是用牙齒咬碎、研磨食物，這也是一個破壞食物的步驟。仔細咀嚼每一口食物是很重要的，如果只咀嚼到一半就吞下去，會增加胃的負擔，胃就無法以最佳狀態運作，全身都會因此受到影響。小嬰兒沒有牙齒，無法咬碎食物，所以只能吃液體或搗成泥的食物。當牙齒長出來之後，我們要善用它們，否則牙齒會越來越脆弱。小嬰兒開始長牙之後，大人會給他咬硬的東西，因為這樣可以幫助牙齒健康的生長。

　　我們要勤於使用牙齒，才能保持牙齒的強健和潔白。現代的飲食習慣，很多食物都不需要費力的咀嚼，但還是有簡單的方法可以達到這個目的，就是每天嚼兩條生紅蘿蔔。在我們咀嚼的同時，紅蘿蔔會清潔牙齒，它的汁液也會促進腸胃的消化。所以，若你注重牙齒保健，就養成咀嚼生紅蘿蔔的習慣吧。若你不在意牙齒保健，想要牙痛、牙齒鬆脫、年紀輕輕就裝上假牙，就多吃甜食吧。深棕色、天然的糖和蜂蜜對牙齒的危害較小，但是精煉過的白糖可就對牙齒很不友善了，而且它還存在各種甜食和汽水當中。

消化首先要破壞並分解食物，
接著便能用來重建身體。

Chapter 12

牙齒和唾液
消化過程的重要環節

消化是個神奇的過程，可以把蛋、肉或蘋果轉變成我們身體裡的肌肉、骨骼和血液等。蛋和蘋果不會自己變成肌肉或骨骼，你的胃和腸子也不會自己產生這些組織，是我們身體裡的靈性利用胃和其他消化所需的器官，把食物轉變成血液、肌肉和骨骼。也就是說，消化是由靈性所運作。

牙齒也是由靈性所打造的，這可是個艱鉅的任務，因為牙齒是身體最堅硬的部分。當小嬰兒在長牙的時候，他的身體也還是柔軟的，連骨頭也是軟的。這時他的身體還沒有足夠的力量長出堅硬的牙齒，而長出第一副牙齒的這股力量是從母親那裡來的：母親在分娩的時候會將力量傳遞給孩子，讓他到時能長出第一副牙齒，也就是「乳牙」。直到大約 7～9 歲時，乳牙便開始脫落。

這時，孩子身體的硬度已經增加，也有足夠的力量長出第二副牙齒了，這就是我們要使用一輩子的恆齒。在那之後，就算我們再強

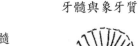
牙髓、象牙質與琺瑯質

牙髓與象牙質

牙髓

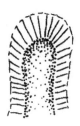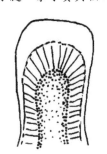

▲牙齒的構造

壯、活得再老，也不會長出第三副牙齒，因為我們的力量要用來思考。力量首先會展現在身體，然後是心智。長出恆齒就是一個象徵：從這一刻起，身體的力量要轉移到心智了。

牙齒有什麼構造呢？牙齒中央有一個腔室，稱為「牙髓」，裡面有一些血管（牙痛的地方）。牙髓的外圍是一種類似象牙的物質，具有一根一根的小管通往牙髓腔，這個部分稱作「象牙質」（又稱牙本質）。象牙質的外面還有一層非常堅硬的「琺瑯質」。

牙齒也是消化很重要的一環，如果沒有妥善咀嚼食物，胃的負擔就會過重，時間久了便容易出問題。食物在口腔可不只是被咀嚼而已，還有另一個跟咀嚼同樣重要的步驟。當你喜愛的食物出現在面前，你會開始流口水，這是由口腔所產生的液體，稱為「唾液」，若沒有它的作用，我們便無法吞嚥食物。有時我們的唾液會減少，像是當你非常興奮或害怕的時候，這時就會難以吞嚥。若眼前的食

咀嚼食物也是消化過程的一環，
妥善咀嚼食物能減輕胃消化時的負擔。

物是我們所喜歡的，我們就會產生很多唾液；若我們不喜歡眼前的食物，唾液就會比較少，因此也會感覺比較難以下嚥。

我們需要各式各樣的食物，但有些食物本身的味道並不是很好，無法讓我們產生足夠的唾液來吞嚥，所以我們會添加調味料來增添風味。調味料中最重要的就是鹽，加點鹽之後蔬菜會變得更好吃，馬鈴薯和麵包也都需要鹽，湯也不例外。在炎熱的國家，人們容易胃口不好，唾液也比較少，他們就會用胡椒或咖哩這類辛香料來刺激唾液分泌。很久以前，當歐洲人食用存放多時、壞掉或過鹹的肉品時，就會使用大量的辛香料來提升食物的風味。威尼斯的興盛、

©TerriC@Pixabay

▲美觀的用餐環境可以使唾液流動，幫助消化。

葡萄牙人巡航非洲，以及哥倫布航向美洲大陸，都可以追溯到與消化之間的關係，那就是為了尋找讓唾液流動的美味！

除了辛香料和調味料之外，還有其他東西可以刺激唾液分泌，讓我們更享受食物。如果用髒兮兮的碗盤來裝湯，或是有隻蒼蠅掉進了湯裡，這會頓時讓我們胃口大減，一點唾液也沒有，除非你真的餓壞了。如果桌上鋪了桌布，擺上閃閃發亮的餐具和幾朵花，這樣不僅美觀，也可以讓我們的唾液流動，幫助消化。如果有人在進食當中像豬一樣發出很大的聲音，就會破壞享受美食的興致，有礙消化，因此我們也要展現良好的餐桌禮儀。

幫助消化的另一個重點就是規律的飲食，也就是每天固定在適當的時間進食。身體需要攝取一定分量的食物，然後靜靜的完成消化工作。工作忙碌而沒有維持固定用餐時間的人經常會有胃的毛病。如果在兩餐之間進食，剛吃進的食物會打斷身體的消化工作，這樣反而阻礙了身體規律運行，而不是在幫身體的忙。身體需要細心的照料，如果沒有仔細了解身體的需求，終究會付出健康的代價。

調味料與良好的用餐環境能刺激唾液分泌，
進而幫助我們享受及吞嚥食物。

Chapter 13

食物

建構身體的三種營養：
蛋白質、澱粉、脂肪

我們需要唾液才能吞嚥食物，若有什麼原因讓我們無法分泌唾液，吞嚥就難以進行。然而，唾液還有其他功能。你不妨試試看，咬一口麵包含在嘴裡，不去咀嚼它，麵包很快就會溶解，接著就會嘗到一點甜甜的滋味。唾液裡不是只有水，它還含有一些能夠溶解並改變食物的成分。此外，唾液只是眾多「消化液」的其中一種，這些汁液會在腸胃裡發揮作用，不斷的轉變食物，直到原本的樣貌被徹底改變。唾液是食物遇到的第一個消化液，如果它無法好好的發揮作用，或是沒有和食物充分混合，那其他消化液的運作也會連帶的受到影響。因此，每一口都細嚼慢嚥、讓食物和唾液混合是非常重要的。如果你狼吞虎嚥，沒有充分咀嚼食物，跟唾液的混合也不足，這會傷害消化機能，很多人就是因為這樣而產生胃的毛病。

當食物經過咀嚼也與唾液混合，我們就可以吞嚥了，但吞下去之後，我們並不曉得接下來會發生什麼事。當然，學習消化的過程就

像學習古羅馬的歷史，我們無法真正回到古羅馬的現場目睹凱薩大帝遇刺，也無法親眼觀看腸胃裡的運作。我們會感覺到飢餓或口渴、吃飽或是吃得太多，但是沒有人曉得自己的消化是怎麼運作的。很多事情都在我們無意之中默默的發生，在不知不覺中完成，我們的心智無法主導也無法觀看。我們會在下一個認識人體的章節了解更多有關消化這個複雜又神奇的過程（請見第20章〈消化系統〉與第21章〈消化過程與食物液的傳送〉），現在我們要繼續探討食物。

我們只有一種食物是來自非生物體的礦物質，那就是鹽。水也可以被稱作「礦物質」，因為它既不是動物也不是植物。因此，只有鹽和水是我們會直接食用的礦物質，其餘的食物都來自植物或動物界。我們還需要很多其他的礦物質，例如骨頭需要鈣和磷，血液需要鐵，我們也需要鉀、硫、鎂和眾多的微量元素，但來源都是植物和動物。只有鹽是以原本的形式直接食用的。肉、蛋、奶或奶油的來源是動物，也就是雞、羊和牛，但牠們吃的是植物，植物界提供牠們生長身體的材料。

除了鹽和水，無論我們吃什麼，都是直接或間接來自植物。若沒有植物，人和動物都無法生存在地球上。我們的生命可說是仰賴著植物，因為我們的食物來源都是生物，無論是動物或植物。

那植物呢？它們具有人類和動物沒有的能力：它們的食物來自礦物界，也就是水、土和風（風也是礦物質）。水、土、風等礦物質沒有生命，只有植物能把這些東西轉換成生命。生命會生長並結出

植物支撐著我們的生命，
若沒有植物，人和動物都無法生存。

種子，再由種子長出新的植株。不過，植物只有在陽光的幫助下才能做到這些，若沒有陽光，植物就無法生長，無法利用水、土和風長出綠葉、花朵和果實。陽光在植物中運作，讓它們可以利用沒有生命的礦物質來生長。

總結來說，我們所有食物都是來自太陽的運作，除了鹽和水，但其實它們並不算是真正的食物。也就是說，我們所吃的每一口食物裡面都帶有一點陽光，它就在蘋果和甘藍菜裡。而你身體的熱就是那曾經照耀在草地、菜園和果樹上的陽光。

我們的食物非常多元，每一種食物在體內都有不同功用，所以飲食要講求均衡。以夾蛋三明治為例，雖然食材一起進到胃裡，但麵包、奶油和蛋在體內的作用並不相同，被利用的方式也不同。

身體需要三大類食物的營養，雖然我們也需要額外的營養，但這三類是最基本也最重要的。首先，我們需要身體的建材來構成我們土的身體；第二，我們也需要食物來建造火的身體，讓熱能在體內流轉；第三，我們需要食物作為力氣和能量的來源，這稱為「能量食物」。

構成我們固態身體的主要成分，是一種叫做「蛋白質」的東西。如果你好奇蛋白質是什麼，只要看看雞蛋的蛋白就知道了，蛋白的主成分是蛋白質，肉類、魚、家禽、牛奶和乳酪也含有蛋白質。因此，這種建材主要的來源是動物。素食者會從蛋、奶、乳酪或是豆類等蛋白質較多的植物中攝取蛋白質。

提供我們力氣和能量的食物是植物，而為我們產生能量的物質稱為「澱粉」。香蕉、馬鈴薯、米和各種穀物都含有澱粉，穀物製成的麵粉也含有澱粉，可用來製作麵包、蛋糕、義大利麵、餅乾。糖也是一種能量食物，同樣來自植物。成熟的水果通常都富含糖分，某些植物的花朵（花蜜）、莖（蔗糖），甚至根部（甜菜根）也有糖。有了陽光，植物就可以把空氣和水轉變成糖。當你吃進澱粉，澱粉就會被消化成糖，所以身體會為我們產生糖，你就不用吃很多甜食了。澱粉和糖都是來自植物的能量食物。

我們會攝取「脂肪」來保持溫暖，這就是第三類食物，例如奶油、橄欖油、人造奶油等。動植物皆可作為脂肪的來源，奶油來自動物，橄欖油和人造奶油則來自植物。生活在寒冷氣候的人對脂肪的需求比較高。

建造身體的蛋白質主要來自動物，澱粉和糖這類能量食物則來自植物，而提供溫暖的脂肪則是動植物皆有。當你享用一個夾蛋三明治時，裡面的麵包可以提供澱粉，奶油提供了脂肪，蛋提供了蛋白質，每樣食物都有不同的功用。

有一種食物具有豐富的蛋白質、糖（不是澱粉）和脂肪，那就是牛奶。新鮮的牛奶還含有維生素，我們在前面提過，身體只需要少量的維生素。因此，牛奶具有身體所需的各種營養。

每一口食物中都帶有一點陽光，
我們吃進的陽光便成了身體的熱。

脂肪類

蛋白質類

澱粉類

▲身體所需的三大類食物
©dandelion_tea　@pixabay

人體所需的食物營養	功能	主要來源	食物
蛋白質	土的身體的建材	動物	肉類、魚、家禽、牛奶、乳酪
澱粉(能量食物)	力氣&能量來源	植物	香蕉、馬鈴薯、米和各種穀物
脂肪	火的身體的建材	動植物	奶油、橄欖油、人造奶油

▲身體所需的三大類食物營養（編輯整理）

Chapter 14

麵包
四大元素所製成的穀類食品

我們的每一樣食物都來自植物界，即使是牛肉或奶油，因為牛是吃草長大的動物。

我們可以選擇吃肉或是吃素。雖然不能說「吃肉不好也不健康」，但是吃素比吃肉好確實是有道理的。看看整個大自然，礦物界和人類的差異最大，因此除了鹽，我們無法直接消化利用礦物，這只有植物做得到。再來是植物界，它跟我們的差異就小一點了，我們可以食用並消化植物。動物界跟我們的差異最小，我們會吃肉，也可以消化肉類。

植物跟人的差異比動物跟人的差異還要大，所以對我們來說，消化植物來建造身體也比消化肉類還要困難。究竟哪一個對我們比較好呢？是輕鬆的消化肉類，還是多花一點力氣消化蔬菜？當然是選擇比較累的那個，這個道理就如同堅硬的紅蘿蔔有益牙齒健康，而不是鬆軟的食物。正因為要多花一點力氣，吃素也比吃肉更健康、

更有益。不過，就算是非素食者也應該要多攝取蔬菜和水果。

在所有的植物當中，也有適合跟不適合我們的。我們需要澱粉來產生力氣和能量，所有的麵粉製品都含有澱粉，像是麵包、蛋糕和餅乾，而米和馬鈴薯也含有澱粉。麵粉是由小麥、燕麥或黑麥所製成，這些都是禾本科的植物。它們是怎麼生長的呢？纖細又堅硬的莖直直的向陽光長去，它們並不會開出又大又美麗的花朵，而是將力量結成金黃色的穀粒，讓陽光催熟。因此當我們吃麵包、米飯，甚至是通心粉或麥片粥的時候，這一顆顆的穀粒都具有長得又直又壯的力量，這些力量就變成了我們的力量。

馬鈴薯是一種很不一樣的植物，它露出地表的部分會開花結果，但這些果實是有毒的，如果我們吃下肚，就會病得非常嚴重。而在地表以下，馬鈴薯的莖會膨脹，越長越大塊，我們所吃的馬鈴薯就是在黑暗泥土中長大的莖。它並不是馬鈴薯的根，而是一種膨起的莖，稱為「塊莖」。所以我們吃進肚子裡的馬鈴薯是一種生長在黑暗之中的有毒植物的莖，相較之下，還是經過陽光催熟的金黃色穀物對人體比較好。當然，我們還是可以吃馬鈴薯，但不應該過度食用，穀物才是攝取澱粉較好的途徑。

麵包是穀類製品中最重要的食物。古法的麵包製作過程是這樣的：穀粒在生長的過程中會從土壤、空氣、水和陽光裡吸取養分，因此它也是由四種元素所組成的，就跟我們一樣。接著植株會被採收，將穀粒分離出來。穀粒的外面有一層殼，稱為「穀殼」，像是

莖的延伸物，會在「打穀」（或稱「脫粒」）的過程中被去除。分離好的穀粒會被送進磨臼，在兩塊大磨石（土元素）之間研磨。接著，烘焙師會在研磨出來的麵粉加水（水元素）混合做成麵團，並且揉捏一番，再加入酵母產生氣體（風元素），使麵團膨脹，然後放進烤箱接受高溫（火元素）烘烤。在麵包製作的過程中我們又看見了四大元素的作用，所以用這種方法製成的麵包能深層的滋養我們體內的四種元素。

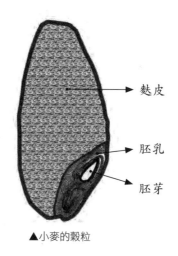

▲小麥的穀粒

麩皮

胚乳

胚芽

　　不過現在你所購買的某些麵包，尤其是白麵包，可就沒有那麼健康營養了。穀殼之下有一層麩皮，含有蛋白質與維生素B，是大腦和神經重塑所需的物質。麩皮包裹著胚乳，裡面含有澱粉和蛋白質，而胚乳的底部是胚芽，裡面蘊藏著植物新生的力量，並具有蛋白質、脂肪和一些維生素B和E。古法的石臼可以把完整的穀粒研磨成麵粉，只在打穀時去除穀殼，但是現代鋼製研磨機並不會研磨完整的穀粒，而是先去除麩皮和胚芽，只研磨胚乳，因此主要都是澱粉，麩皮和胚芽的養分都被去除了。100公斤的小麥大約會產出75公斤的白麵粉。

禾本科植物擁有向著陽光成長的力量，
當我們吃麵包及米飯時，便吸收了這些力量。

為什麼要去除最具營養價值的部分呢？因為這樣磨出來的麵粉比較白，但依然不是純白色的。為了讓顏色更白，麵粉裡會添加氧化苯甲醯來脫色。不過，這樣還不夠。古法製作麵包的速度太慢，也較容易受外界因素影響。麵包發酵膨脹需要時間，如果膨脹後大小不一，就無法精準完美的符合包裝的尺寸。超市希望同一種麵包的大小都一樣，這樣擺在架上才會好看，消費者也會比較喜歡。因此，麵包製作的過程中其實添加了很多東西，例如氧化劑、膨脹劑、乳化劑、增量劑和防腐劑等等。添加這些東西並不是為了增進健康，而是讓生產機器更快速、更方便的運作。

當你買了一條白麵包，它不僅缺乏生長所需的蛋白質、礦物質、維生素，還含有各種不健康的添加物在裡面。白麵包的營養價值不高，長期下來還可能成為健康的負擔。工廠所生產的全麥麵包也不見得是以古法製成，想要吃健康的麵包最好在烘焙店選購，或是購買使用完整穀粒、石磨的全麥麵粉，自己在家做麵包，就可以品嘗出其中的差異了。

Chapter 15

食物中的添加劑

危害人體的人工化學物質

白麵包的例子告訴我們,像麵包這種重要的食物是如何因為商業利益,不但犧牲了其中的營養成分,還換來不健康的添加劑。麵包並不是唯一面臨這種局面的食物。

人能夠直接攝取並消化的礦物質只有水和鹽。我們無法直接食用土或沙,如果不小心吃到沾了泥沙的麵包,身體將無法消化,這些泥沙最後還是會被排出體外。但身體無法消化或排出某些礦物質,因此會留在體內。雖然不具毒性,但對身體來說是外來物,無法被解決,留在體內也會對身體造成負擔,有礙健康,我們對抗疾病的能力也就越來越弱。當身體累積越多這類的化學物質,我們就越不健康。

只有植物能在陽光的協助下將非生命的礦物質轉變成生物性的物質,人類則做不到。在工廠和實驗室生產出來的礦物質是死的,並非來自生物體,當這些東西被加進我們的食物裡面並且留在體內,

就會讓我們越來越衰弱。以下是我們無法消化的化學物質會進入身體的原因。

無論來自動物或植物，只要是來自生物的東西都會改變。牛奶會變酸、肉會壞掉、蘋果會腐爛。有了防腐劑和其他添加物，食物就可以保存得更久。防腐劑大多是人造的化學物質，身體無法消化也無法排出。新鮮的食材對健康比較好，大自然不會產生永不腐敗的食物，如果我們想要讓食物保存得更久，就是在對抗自然，也會因此危害到自己的健康。

防腐劑並不是唯一的人工化學物。從事食品加工產業的人都知道，食物如果具有漂亮的顏色就可以賣得更好。所以，奶油不僅含有防腐劑，還有人工合成的淡黃色色素。有些香腸具有漂亮的紅色，也是添加了人工色素的關係。

有些冰淇淋的成分裡只有糖是天然的，不過那是白糖。天然的糖是棕色的，但經過加工可以讓它變成白色。冰淇淋含有乳脂肪，不過也添加了防腐劑，而覆盆子和香草的味道倒不見得是來自真正的覆盆子和香草，這些味道也可以用人工合成的方式產生，而冰淇淋的各種顏色當然是來自人工色素了。

人工合成的化學物質還可以用在別的地方。放養的雞可以自由奔跑、撿食地上的食物，牠們所下的蛋，蛋黃色澤明亮；而密集籠養的雞活動困難，蛋黃的顏色較淡，因此雞飼料中會添加色素，增加蛋黃的顏色。

我們還有很多機會吃進不健康的化學物質。除了人之外，很多昆蟲也喜歡吃水果，但果農並不想跟昆蟲分享果園裡的蘋果、梨子、葡萄或櫻桃，他們想要把水果賣給消費者，所以會對這些植物噴灑殺蟲劑，把昆蟲殺死。這也會影響到鳥類，因為昆蟲是牠們重要的食物。除此之外，殺蟲劑也會殺死一些無害的昆蟲，例如蝴蝶和蜜蜂，有些地區甚至發生蝴蝶消失的現象。

對鳥和蝴蝶有害的物質也不會對人有好處，因為這樣的東西無法被消化和排除，在身體累積久了也會對我們有害。最好使用溫水仔細的清洗各種水果，就可以除去一些藥劑，不過也有些殺蟲劑會進到果肉當中，是無法被去除的。

這個例子告訴我們，現代化的某些方法不但有礙人體健康，也會干擾大自然，把鳥類和益蟲跟著壞蟲一起殺死了。但對自然界最大也最令人驚愕的危害則是某些農人使用土壤的方式。

植物生長在土壤中，並且從土壤獲得重要的生長物質。在森林裡，樹葉會在秋天時掉落，接著再轉變成土壤，植物就是這樣把所得到的養分回饋給土壤。但是在田裡，所有的東西都在收割時被取走了，兩三年後，土壤便沒有養分可以提供給植株生長，變得死氣沉沉，再也不能種植任何東西。農夫都知道這點，所以為了要讓土壤重生，他們會用馬鈴薯皮、廚餘殘渣等不要的蔬菜和牛糞製作堆肥。用來堆肥的東西都是從生物體來的，包含動物與植物。牛糞含有最多對土壤有益的成分，經過一段時間，這些由牛糞和各種植物

食物中的防腐劑及人工色素無法消化或排出體外，
這些人造化學物質會危害我們的健康。

殘渣混合成的堆肥就會轉變成肥沃營養的土壤。

後來有人說：「我們化學工廠的東西不止能讓你的土壤回復得跟以前一樣，還可以讓它更好。以前你只能生產十袋玉米，如果用了我們的東西，就可以生產二十袋。」這個從工廠生產的化學物質就稱為「化學肥料」。

化學肥料確實有效，農夫都很高興。以前只能種出十袋作物的田，現在至少可以有二十袋以上的收穫。但這產生了兩個現象：首先，用這些肥料種出來的小麥和蔬菜的營養價值越來越低，所含的維生素和蛋白質都變得更少；再來，土壤並沒有真正變得肥沃，反而是越來越差，幾年之後，再多的肥料都無法讓植物生長，這些土壤徹底的被摧毀。

現在有許多農夫不再使用這些肥料而改回製作堆肥了。這些有機農場的作物品質較好，你可以從味道分辨出哪些甘藍菜或紅蘿蔔是來自一般（使用化學肥料）的農場，哪些是來自有機農場。有機農場也有比較豐富的野生動植物，像是鳥、蝴蝶和野花。化學肥料會毀壞農田，也無法提供大自然能給的養分。

Chapter **16**

藥物、咖啡與酒

傷害我們身體的「毒」

植物可以作為我們的食物，提供澱粉、糖、維生素、脂肪和蛋白質。有些植物則沒那麼營養，無法作為糧食來源，但其中的香味可以讓食物更美味，例如芥末、薑和胡椒。其他植物也有一些特別的用途。

南美洲有一種植物叫做「金雞納樹」，它的樹皮有強烈的苦味，沒有人會對這種味道有興趣，但這個樹皮卻可以提煉出治療瘧疾的藥物「奎寧」。因此植物不僅可以作為食物，也可以作為藥物。人類疾病的解藥就在植物裡，這是多麼美好的事情！

田野中的罌粟花十分美麗，是紅色的；但在印度和中國，有另一種罌粟花是白色的，它的汁液可以被取出、製成稱為「嗎啡」的特殊藥物。在醫生為病人動手術之前，嗎啡可以讓病人陷入昏睡而不會在手術中有所知覺或是清醒過來，因此嗎啡是一種麻醉劑。

對於需要進行手術的人來說，嗎啡真是天賜的恩惠，能夠讓他們

▲罌粟花
©hkama @pixabay

免去手術的痛苦，但有時恩惠也可以是個禍害。罌粟汁也可以被製成一種白色的膏狀物，即所謂的「鴉片」。有些人會把鴉片放進煙槍來吸食，吸了幾口之後便昏昏欲睡、美夢不斷，讓人醒來之後難以抗拒美夢的滋味，此後就再也離不開美夢、離不開鴉片。但經常吸食鴉片會使大腦受損，成癮的人通常會在幾年內死亡，因此植物所帶來的藥物可以是恩惠，也可以是禍害。

所有藥物其實都是毒，而毒有時也可以用來治病。舉例來說，烏頭是一種根部帶有劇毒的植物，但卻可以治療感冒或流感，只要非常少量就能見效。

不過，有些人服用藥物或毒物並不是為了治病，而是要享受傷身的快感。聽起來很奇怪，怎麼會有人喜歡傷害自己的身體呢？但的確是這樣，咖啡因就是一個例子。茶和咖啡都含有咖啡因，與鴉片相反，它會讓你清醒。從前有位阿拉伯牧羊人發現，他的山羊在傍晚吃了某種灌木的果實之後，便開始興奮的嬉戲而不躺下睡覺。所

以從阿拉伯人開始，然後是土耳其人，再傳到歐洲，大家開始喝咖啡，藉此保持清醒和機警的狀態。

咖啡會讓你的心跳加快，使你的反應更快。當你疲累的時候，心臟會想要跳慢一點，但是咖啡因的作用就像在抽打一匹跑累的馬，這對心臟並不好。不過有的人並不愛惜自己的心臟，可能比對待馬匹還差，所以選擇喝咖啡來提神。

茶也含有咖啡因，雖然沒有那麼濃烈，但也會讓心跳加快。茶還有其他作用，會讓我們變得多話，為了講話而講話，這跟咖啡不太一樣。喝很多咖啡的人會盡可能的談吐睿智，喝茶的人則是比較想要閒聊，但兩者都會迫使心臟跳得更快。咖啡因也會被添加到其他飲料當中，像是可樂和能量飲料。

最後我要來談談大家會喝的另一種毒，那就是酒。釀酒是一種發酵的過程，含有酵母菌的發酵液會把澱粉分解，轉變成酒精。用酵母菌來製作麵包也是一種發酵。發酵其實是大自然中東西腐爛的過程，例如水果過熟而腐爛，但我們可以加以控制和利用。在發酵的過程中，澱粉或糖這種能量食物會被分解，轉變成酒精。

酒精是很好用的東西，像是醫院就會使用酒精來擦拭東西，因為它可以很快的殺死致病的細菌，它在實驗室裡也有很多用途。當然，酒精也存在葡萄酒、啤酒、威士忌、琴酒和雪莉酒當中。酒精也會讓心跳和血流加快，讓更多的血液送往皮膚，這會讓人感到溫暖，通體舒暢，因此小酌一些甚至還可以幫助血液循環。但如果喝

咖啡中的咖啡因可以提神、加快反應，但疲累時以咖啡因保持清醒，對心臟有不好的影響。

太多酒，事情就會不一樣了。首先你會思緒混亂、邏輯不通，情緒也會失去控制，你可能會變得很憤怒或是悲傷，無法好好思考。接下來，說話也會變得混亂、詞不達意，或是不知道該怎麼表達。最後，你會沒辦法走路，可能連站起來都有困難。

在本書的一開始，我們看到人類能直立行走是因為靈性的驅使讓我們能夠站立。小時候我們可是花了許多力氣才能做到，即使因為生病或受傷而無法行走，靈性也不會受到影響，我們也努力的學習思考和說話，這些都是因為靈性讓我們想要學習。想像一下自己不能站也不能走，無法說話也無法思考的樣子，喝下大量的酒精便是在對抗一直以來教導我們抬頭挺胸的靈性。有的人喝酒是為了展現自己的成熟風範，結果卻往往與此相反。

我們知道，地球上的生物都仰賴著陽光，太陽提供植物溫暖和能量，使它們得以將無生命的礦物質轉變成滋養動物和人類的食物。如同從外部賜給我們力量的太陽，不懈的靈性就是內在的動力來源，讓我們成為能力與使命兼具的人類。

PART 2

生理學

神經系統、節律系統與消化系統是靈魂的
樂器，相當於音樂家的小提琴。靈魂能
夠同時演奏這三種樂器，以腦及神經演奏
「思考」，以呼吸及血液演奏「情感」，
並以全身的肌肉演奏「意志」。

Chapter 17

哈維醫生與血液循環
血液循環的發現者

如果你是十六世紀的人，小時候你就會認識哥倫布和李奧納多‧達文西（Leonardo da Vinci），長大之後還會知道英國女王伊麗莎白一世（Queen Elizabeth I）、蘇格蘭女王瑪麗一世（Mary Queen of Scots）、莎士比亞（Shakespeare）、海盜德雷克（Francis Drake）、神學家馬丁‧路德（Martin Luther）、牧師約翰‧喀爾文（John Calvin）和牧師約翰‧諾克斯（John Knox）這些人物。

下一個世紀（西元 1600 至 1700 年）就沒有這麼多傳奇人物了。無論是宗教改革家約翰‧克倫威爾（John Cromwell）、英國歡樂王查理二世（The Merry Monarch, Charles II），或是俄國的彼得大帝（Peter the Great），都沒有李奧納多或德雷克來得有趣。相較起來，十七世紀是個動盪的年代，充滿邊變與內戰，同個國家的人彼此相互爭奪。在這種流血與衝突的時空背景之下，人們對於藝術或知識並沒有太大的興趣，因此無須期望在陷入三十年戰爭（Thirty Years' War）的德

國看到偉大的藝術作品，也不會有天文學家在「圓顱黨」（Round-head，英國內戰時期由清教徒組成的黨派）和「騎士黨」（Cavalier，由貴族及官僚組成的黨派，又稱「保皇派」）戰得不可開交時靜靜的觀測星象。然而，儘管戰火不斷，十七世紀的科學還是有了長足的進步。

蘇格蘭王詹姆士六世（King James VI，或稱「英格蘭王詹姆士一世」，I of England）著有一本強調君權神授觀點的書，一位遠在當時德國某處（現為波蘭境內）的神父尼古拉·哥白尼（Nicolaus Copernicus）則發表了著作，認為地球是繞著太陽運行的。當奧蘭治親王威廉（William of Orange）對西班牙人發動戰爭時，荷蘭人詹森（Janssen）發現若透過兩片透鏡觀看，遠處的教堂尖頂會變得清晰可見，彷彿近在咫尺，他發明的望遠鏡大大幫助了奧蘭治親王威廉和西班牙人的戰爭。但在義大利，一位孤獨的科學家伽利略（Galileo Galilei）則利用望遠鏡觀測星象。他是第一位觀測到木星衛星的人，也發現了金星的盈虧。所以，在紛亂的時代，科學家和思想家依然安靜的工作著，他們的研究成果甚至還比大大小小的戰事更重要。

那個時代還有另一位偉大的科學家。威廉·哈維（William Harvey）是一位英格蘭醫生，當時的英國國王是查理一世（Charles I），後來被克倫威爾下令處決。哈維非常優秀，除了在英格蘭學醫之外，他也前往在當時醫學師資最好的義大利學習。由於醫術精湛，哈維被任命為查理一世的御醫，這在當時是非常崇高的榮耀。

即使在紛亂的時代，
科學家與思想家的研究成果仍然十分重要。

▲蓋倫
©PublicDomainPictures @Wikimedia Commons

▲威廉·哈維
©PublicDomainPicture @Wikimedia Commons

在學生時期，哈維就對心臟和血液的運作很有興趣，當時的醫生和科學家對心臟和血液的了解並不如今日，而且有些觀念還是錯誤的。他們透過古老的書籍認識人體，而非實際觀察。在遠古的羅馬帝國時期，一位名叫蓋倫（Galen）的醫生寫了一本人體的醫學書籍，一千四百年之後，也就是哈維所處的年代，歐洲的醫生依然視蓋倫的知識為不可質疑的真理。

根據蓋倫所寫的古籍，血液在體內是像海水那樣一波一波的流動，只不過波動的頻率比海水快多了。他推測當血液的浪升起時，血會從心臟流向身體各處，在到達手腳末端和耳朵之後，就會像水

那樣蒸發，而隨後又會有一波新的血液浪潮從心臟出發。這就是蓋倫流傳下來的血液浪潮觀點，跟哈維同時代的醫生對此深信不疑。

達文西是第一個對這個血液理論提出質疑的人。為了了解人體的奧祕，他曾剖開屍體仔細研究，以他對血管的觀察，他不認為這個古老的理論是正確的。不過，達文西並不是醫生，當時的醫生並沒有特別關注這位畫家的想法。

在將近兩百年之後，哈維也開始懷疑這個古老的血液浪潮理論。他是這樣想的：每個脈搏心跳都是一個浪，心臟可容納大約85毫升的血液，相當於一個拳頭的大小，因此心臟每跳一次可以向全身輸送85毫升的血。心臟一分鐘跳72下，乘上85毫升大約就是6公升，一小時就會是360公升（重約363公斤），這可是人體好幾倍的重量，這個理論不可能是正確的，身體無法每小時製造360公升的血液。唯一可能的解釋是：從心臟流出去的血液會再回到心臟，這代表血流是循環的。

就像地球上的水循環，雲降下雨水，從山上流下後進入海洋後再次蒸發上升成為雲，來自雲的水跟曾經在河流和海洋中的水是一樣的。身體裡的血液也會循環，從心臟出發之後再度回到心臟。

哈維不只是想想而已，他也研究青蛙和魚的身體構造，以及被吊死的罪犯屍體。他研究觀察了好多年，才確定自己對於血液循環的想法是正確的。接著他把這個想法寫成一本書，但在發表之後卻遭到所有醫生反駁：「他怎麼能夠質疑蓋倫的智慧？他以為自己比偉

血液在體內經過心臟、不斷循環，
就像地球上的水凝結成雲再降雨成水。

大的蓋倫還要聰明嗎？」

　整個醫學界的專業人士都反對哈維，認為他瘋了。他當然對此很不高興，並擔憂如果查理國王也認為他瘋了，可能會解除他皇室御醫的職位。他該怎麼向國王解釋他沒有瘋，血液確實會循環呢？

　「一個人的不幸可能帶給另一個人好運」，哈維的故事就是如此。有一位住在英格蘭的年輕人參加了一場決鬥，他的胸膛嚴重受傷，在胸口留下了一個拳頭大小的凹洞，但他還是堅強的存活下來。他對此並不擔憂，用繃帶把凹洞覆蓋起來，繼續快樂的生活。

　哈維醫生聽聞了這位年輕人，便邀請他來到診療室，同時也邀請了查理國王。當國王來到現場，哈維將繃帶從年輕人的胸口拆下，請國王來看一看這個凹洞。國王不僅看到一縮一張跳動著的心臟，也看到了脈動中的血管。他還看見將血液輸出的血管（動脈），以及將血液送回心臟的血管（靜脈）。查理國王對哈維說：「我知道你是對的，別的醫生終究也會了解的。」

　哈維醫生終其一生都是皇室的擁護者。當查理一世在內戰中落敗，隨後失去性命時，他感到非常的悲痛。不過那時已經有些醫生改變態度，來與他交流有關血液循環的想法了。當哈維以高齡辭世之時，他知道再過不久所有的醫生都會明白他是對的。他的名號「血液循環的發現者」會永遠留存在世上偉大的科學家之列。

人類的三元性

靈魂音樂家的三種樂器：
神經系統、節律系統、消化系統

——

　　張桌子只要還完好的存在，當初用來製作它的實體材料就不會消失。但我們身體的組成，包括骨頭、肉和血液等，卻是緩慢但持續不斷的在改變。經過七年左右的時間，我們體內的分子幾乎沒有一個跟以前一樣，所以可以說這個身體已經不是以前的身體，但我們還是同一個人。靈魂是我們不會改變的那個部分，無論身體怎麼改變，靈魂還是一樣。所以，即使我的身體成分至今已經汰換了8次，我跟四十、五十年前的我還是一樣的。

　　靈魂在身體的什麼地方呢？靈魂是看不見的，就像磁鐵的磁力。一塊普通的鐵跟具有磁性的鐵看起來一樣，如果想要知道哪一塊具有磁性，我可以在周圍撒上鐵粉，具有磁性的那塊就會吸引鐵粉，這就是測試磁力的方式。而為了要知道靈魂是在身體的哪個地方，我們就要仔細觀察靈魂的活動。靈魂有許多我們沒有察覺的活動，但就先從我們所知道的開始吧。

現在請你想像自己在一座花園裡，你看見一朵花，並且知道那是玫瑰。為了要認出那是玫瑰，你必須思考，並且記得其他玫瑰的樣子。這種思考並不像代數那樣困難，但也是思考。除了思考和認得這是玫瑰花，你還喜歡欣賞玫瑰，喜愛它的美。喜愛與否跟思考大不相同，那是一種情感。接下來，你可以摘下那朵玫瑰花，帶回家放進花瓶。這個動作既不是思考也不是情感，而是行動，行動跟意志有關。這個事件裡的三個階段：從看見一朵花並認得它是玫瑰、喜愛它的美麗，到把它摘下，共牽涉了靈魂的三種運作方式：思考、情感與意志。

我們每分每秒都在經歷這三件事情。我們的腦中總有思緒，也有各種情感，像是感到有趣或無聊，喜歡或不喜歡，我們也不斷的在使用意志做事情。只要我們醒著，就會不斷的思考、感受和使用意志。在睡眠當中，我們無法思考，但可以感受，我們所感受到的就是夢。後面我們也將會看到，在睡夢中也可以使用意志。

我們有思想、情感和意志，也會清醒、做夢和睡覺。它們之間有清楚的對應關係。

但我們真正要探討的是這三者與身體之間的關係。我們知道思考跟頭有關，也就是腦。如果有人頭部遭受重擊而昏了過去，就會失去意識、停止思考。腦是用來思考的樂器，就像小提琴或鋼琴，但它不會自己思考、不會自己演奏，而是需要一位音樂家來演奏。這位音樂家也同樣需要樂器，若沒有樂器，就沒有音樂。靈魂就是這

位音樂家，靈魂用腦來演奏「音樂」就是我們所說的思考。

　　腦部本身不具有任何意義。無數的神經連接著大腦和身體各處，若沒有這些神經，腦也無法運作。當我們形容一個人神經兮兮，意思是指他們很緊張焦慮，但這跟「神經系統」的「神經」意思並不一樣。神經系統的意思是指這是一個由神經所組成的系統。腦和所有的神經合稱為「神經系統」，整個神經系統就是用來思考的樂器，它遍布全身，腦部則是它的中樞。

　　就如同神經系統是演奏思想的樂器，我們也有一套靈魂用來演奏「情感」的樂器。為了要一探究竟，讓我們來想像一下強烈的情感，例如讓你臉紅的羞愧感受。有些人很容易臉紅，即使沒什麼好羞愧的，這代表他們擁有敏銳的情感。而突如其來的驚嚇則會使我們臉色發白，這與羞愧剛好相反。但是臉色漲紅和蒼白又代表什麼呢？臉紅的時候，有比平常更多的血液流經我們的臉，臉色發白則代表臉部的血液減少了。由此可知，血液是靈魂用來感受的樂器。

　　除了血液之外，呼吸也參與了我們的情感。你不妨觀察自己呼吸的變化，是否在興奮的時候呼吸得更快，在驚嚇的時候倒抽一口氣。血液和呼吸是靈魂演奏情感的樂器，這兩者就是第二套系統。我們的呼吸有其規律和節奏，因此稱為「節律系統」，你可以感受自己的脈搏，就會感受到血流也有節奏。這套系統也存在身體的每個角落，以心臟和肺臟作為中樞，如同腦是神經系統的中樞。

　　當我們在花園採花，我們用雙腿走上前去、用手把它摘下。很顯

　　腦及神經組成「神經系統」、血液及呼吸組成「節律系統」，神經與節律系統是靈魂思考及感受的樂器。

然，四肢跟意志有關。如果我們做了粗重的工作，或是不熟悉的運動，隔天會發現四肢或是身體的某些部位有痠痛感，這就是肌肉痠痛，肌肉即是意志的所在。肌肉不止組成我們的四肢，身體各處甚至是內部也都有。

我們可以拿起一塊麵包放進嘴裡，咀嚼後吞下。在吞嚥之前，我們可以決定如何使用肌肉，但接下來，身體內部的肌肉就會接手並且自行運作。食道會把麵包推進胃裡，即使在倒立的狀態下，食道依然會把食物「往上」推進胃裡；為了消化麵包，胃的肌肉會繼續活動，腸子的肌肉也是。

身體內部的肌肉比四肢的肌肉重要多了，如果這些內部的肌肉不運作，消化就無法進行，我們的四肢也就不會有力氣做任何事。所以，身體所有肌肉的活動都有賴於腸和胃這些負責消化的肌肉。若沒有消化食物，肌肉就會像沒有腦部的神經一樣失去作用。我們整體的肌肉就稱為「消化系統」，這是第三套系統，也是靈魂演奏意志或行動的樂器。

如此我們就明白靈魂是如何在體內運作了。靈魂用神經系統來思考、用節律系統來感受，以及用消化系統來執行意志。

我們要記得，雖然身體區分成三個系統，但每個系統都遍布全身，並且肩並肩的在身體的每個地方共同運作。我們的小指上也有神經、血管和肌肉這三種系統。古希臘時期，蘇格拉底（Socrates）的學生柏拉圖（Plato）曾說，靈魂就像一位駕駛駕著一輛三匹馬的

戰車。這裡的三匹馬就是我們的三大系統。

思考	神經系統	腦＋所有神經	清醒
感受／情感	節律系統	血液、呼吸	做夢
意志	消化系統	肌肉	睡覺

▲靈魂運作的方式

全身的肌肉組成了「消化系統」，
消化系統是靈魂演奏「意志」的樂器。

Chapter 19

頭骨、肋骨、腹部
展現智慧、勇氣、力量的三個腔室

我們的身體有堅硬的部分，例如骨頭；也有柔軟的部分，例如肌肉和心、肺、肝、胃等內臟器官。堅硬的骨頭會產生一些空腔來包圍柔軟的器官。人體主要有三個腔室，第一個位於頭骨內，包圍著腦；第二個是在胸腔裡面，包圍著心臟和肺臟的肋骨；第三個則是在腹部，裡面有胃臟、肝臟和腸。身體的這三個腔室容納著三個系統的中樞：第一腔室的腦是神經系統的中樞，第二腔室的心和肺是節律系統的中樞，而胃和腸則是消化系統的中樞。

這三個腔室各有不同之處。第一個腔室「頭骨」確實像洞穴完整的包覆腦部，從各個方向提供堅實的保護，讓外界的東西難以進入。頭骨是全身最硬的骨頭。

第二個腔室不像洞穴，因為一條條的「肋骨」跟彼此之間是有一點距離的，它們就像弧形籠子的一條條框架。所以包圍心和肺的是一個骨架，而不是洞穴。

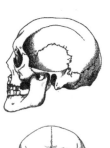
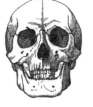
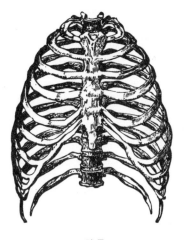

▲頭骨
©PublicDomainPictures @Wikimedia Commons

▲肋骨
©b0red @pixabay

　　第三個腔室並不是由骨頭所構成，而是由強健的「皮膚和背部的骨頭」（脊柱的下半段）所包圍。胃、肝、腸並不像腦部由堅若磐石的骨頭包覆，也不像心肺位在骨架之內，它們和外界之間只隔有堅硬的皮膚，因此這個腔室就像是一個袋子。

　　身體這樣的安排非常有智慧，這些差異都是有必要的。我們已經知道，腸胃具有很多肌肉，而肌肉在工作時會產生活動，腸胃在消化時會大幅活動。對此我們了解的不多，但腸胃確實會移動，在消化的時候勤奮運作。相反的，腦則一動也不動，無論我們多麼努力思考，它依然靜止不動。事實上，腦部也無法移動，因為它不具有肌肉，還被頭骨包裹著。

人體內有三個腔室，
每個腔室以獨特的方式保護著對應的器官。

在身體最上方的腔室，腦部靜止不動的位於頭骨內；在身體的下方、腹部的位置，有另一種由皮膚和肌肉所形成的腔室，腸胃在裡面積極的運作並且頻繁活動；在兩者之間，肋骨和皮膚構成半開放的空間，裡面的心和肺並不像腦那樣靜止，而是依循某種規則，有規律的活動。

我們有三種腔室：洞穴、籠子和袋子。裡面所活動也不一樣：

- 洞穴裡的「腦」不會移動
- 籠子裡的「心和肺」會規律的活動
- 袋子裡的「腸、胃」會大幅的活動

這些遍布全身的系統，每個腔室的位置就是它的中心。靜止不動的腦是神經系統的中心，律動的心與肺是節律系統的中心，蠕動的胃腸則是消化系統的中心。

這三個都是靈魂的樂器。腦和神經系統是思考的樂器，這個樂器被頭骨完整的包覆著實在令人驚奇。相較之下，腸胃這個意志的樂器與外面的世界只隔著皮膚和肌肉。

如果你了解思考和意志之間的差別，就會明白這是為什麼。腦中想著一顆蘋果跟手裡實際拿著一顆蘋果是不一樣的。當你想著一顆蘋果，你就從周遭的世界獨立出來、飄離真實世界，不管有沒有蘋果，你的腦海都可以形成蘋果的意象。這個思考的樂器也會讓我們

沉浸在自己的世界，就像腦跟外在世界之間有一層實心的硬骨。但是當你在做事或是拿著一顆蘋果，你就必須觸摸它，要腳踏實地的做些什麼才能執行你的意志。因此腸胃這種演奏意志的樂器和外界並沒有被骨頭隔開，而是受肌肉和皮膚的保護。

思考和意志是相對的兩件事情。思考會讓你進入自己的世界，意志則是讓事情實際發生，你可以在別人身上觀察到這個現象。有些人很喜歡思考和探討，但卻不是很實際，無法親自做出什麼有用的東西；有些人則是非常實際，做出很多實用的東西，卻沒有心思學習跟探討。前者過度偏重思考，後者則是偏重執行。

現在，我們就不會意外為什麼腦是如此被骨頭嚴密的保護著，與外界區隔開來了。這就像思想家沉浸在自己的研究之中，不想被打擾。但需要處理食物的腸胃就不是這麼沉默孤立，它們與外界之間只有強健的皮膚，而不是骨頭。那麼，在這兩種極端之間、用來演奏情感的樂器「節律系統」呢？當我們有所感受的時候，並沒有脫離這個世界，也沒有實際的在實踐什麼，所以容納節律系統的空間既不是洞穴也不是袋子，而是半開放式的骨架。

既然有人偏重思考，有人偏重執行，當然也就有人偏重感受。藝術家當中就有很多這樣的人，例如一個畫家會出門接觸外面的世界，然後回到畫室開始作畫。他在外在世界描繪圖像，但其實內心早已有了這幅畫面，他活在一種內外交替的節奏當中。

古代印度社會把人分成三個種姓：首先是祭司，也就是服侍神的

神經、節律、消化系統的中心分別是：
腦部、心與肺、胃與腸。

人，思考是他們的主要事務，他們不只向神祈禱，也會替為疑難雜症所苦的人思考、給予指示。他們住在寺院殿堂或洞穴裡，不會從事勞動工作，就像頭骨裡的腦。第二種姓是武士，負責保護人民和擴張領土。他們不必很聰明，但要有勇氣，勇氣就是一種情感。武士不住在寺院或洞穴，而是住在城堡，時而出征，時而留守。第三種姓則是農民階級，專門耕種土地和收成糧食。他們不必聰明或勇敢，但需要勤奮和結實的肌肉。農民的居所通常是單薄的小屋。

在那個古老的時空，身體和靈魂的特性被當成區分人的標準。

而在現代，我們不能只發展成其中一種，而是要三者同時兼具：要明智、勇敢又勤奮。我們要均衡的使用腦、心和雙手。如同三個腔室構成了我們的身體，我們也應讓智慧、勇氣和力量融合展現。

腔室	形式	包圍的器官	印度種姓	住所
頭骨	洞穴	腦	祭司	寺院
肋骨	弧形籠子	心臟、肺臟	武士	城堡
腹部	袋子	肝臟、胃臟、腸	農民	小屋

▲身體的三個腔室

Chapter **20**

消化系統

靈魂演奏「意志」的樂器

神經、節律和消化三大系統是靈魂的樂器,相當於音樂家的小提琴。只不過靈魂能同時演奏這三種樂器,以神經系統演奏「思考」,以節律系統演奏「情感」,以消化系統演奏「意志」。

相較於人體和三大系統,小提琴、鋼琴、單簧管都算是簡單的樂器。製作樂器的木頭和金屬可比不上活生生的神經、血液和肌肉。從消化系統開始,讓我們仔細看看靈魂的樂器是如何運作的。

意志和動作有關。我們走路的時候會擺動身體,寫字的時候會移動手中的筆,蓋房子的時候會搬運磚塊,說話的時候會振動空氣,任何一個動作都會用上肌肉。如果我們使用肌肉來跑步呢?身體會變得溫暖。這就是劇烈使用肌肉所產生的現象。所以如果我們覺得冷,就可以快速擺動雙手來取暖。由此可知,活動肌肉會產生熱,使我們感覺溫暖。寒冷的天氣有時會讓我們發抖,發抖就是肌肉在做小幅的快速活動,藉此產生熱能、維持體溫。

肌肉每一個動作都會產生熱，即是只是動動手指或轉動頭部，都會產生微量的熱。若沒有溫度或熱，肌肉也無法動作，靈魂也就無法用身體執行意志。天氣寒冷時，我們的手指可能會凍僵，由於溫度不夠，靈魂很難讓手指靈活的活動。我們得先讓雙手溫暖起來，靈魂才能再度驅動手指。

　　靈魂並不是像石頭、水或空氣那種物質性的東西，它必須透過熱和一定的溫度，才能用肌肉展現它的意志。熱與意志是一體的。有些人性情剛烈，或者說是脾氣不佳、容易勃然大怒，這就是熱與意志同為一體的例子。因為一個火冒三丈的人可不會安靜的坐好，他大概會拍桌或揮舞拳頭，用各種方式使勁的活動肌肉。

　　現在我們知道靈魂的意志是如何進入肌肉了：是透過熱及溫度。但熱不會無中生有，一定要燃燒東西才會有熱，也就是肌肉中有東西在燃燒，這就是肌肉活動時所伴隨的現象。就算只是活動一根指頭，指頭的肌肉裡也有因為燃燒而生的熱，若沒有熱，指頭就無法動彈。我們全身的肌肉持續燃燒的東西來自我們所吃的食物，當食物被消化，就可以提供肌肉燃燒所需的物質。

　　這就是「消化系統」名稱的由來。消化提供了肌肉所需的糧食和熱能，因此也可以被稱為「身體的熱能系統」，因為意志需要熱，而熱來自食物與消化。

　　消化是從哪裡開始的呢？你可能以為是從胃或是口腔開始，不，消化從烹煮就開始了。烹煮就是在改變食物、為身體做準備。加熱

就是在體外「燃燒」食物，只不過我們不會把它徹底燒光，而是要讓身體可以消化得輕鬆一點。

　　如果是吃生食呢？我們要吃成熟的水果，因為成熟代表它受過太陽的烹煮，太陽的熱幫我們把蘋果或柳橙「煮」好了。所以無論是蘋果或麵包，都是經過些許的「燃燒」後才被吃下，身體會繼續完成後續的工作。

　　陽光下或廚房裡的烹煮是消化的第一步，那接下來呢？我們口腔裡有三種不同的牙齒來有效的咀嚼食物。門牙負責切斷食物，這點可以從它的形狀看出來，咬蘋果就是使用門牙；位在旁邊的犬齒可以把食物撕成小塊；而後方的臼齒則是用來磨碎食物，就像研磨麵粉的磨石。門牙只負責咬下一口，不會做太多工作，就像我們的頭；犬齒會把過大的食物分成小塊，相當於節律系統；而臼齒所做的是最粗重的工作，會把食物粉碎直到適合吞嚥，這跟消化系統十分類似。所以牙齒跟人一樣具有三元性。

　　我們在第13章〈食物〉看到，口腔的功能不是只有粉碎食物。如果眼前有我們喜歡的食物，嘴裡的特殊腺體就會分泌很多唾液。吞嚥需要唾液，太過興奮的時候唾液會減少很多，讓吞嚥變得困難，因此唾液是吞下食物所不可或缺的。唾液也含有消化液，能夠改變食物，所以當你把一塊麵包含在嘴裡，會漸漸的嘗到甜味，因為消化液會把澱粉轉變成糖。當食物被牙齒磨爛，又跟唾液充分混合之後，就可以繼續下一段旅程了。

消化作用始於烹煮，
再經由牙齒、食道、腸胃作用後，才能運往全身。

接下來的消化階段我們是沒有感覺的，就連吞嚥這個動作都比我們以為的還要複雜。口腔的後方有一個開口，連接兩個往下的通道，一個是輸送食物的食道，另一個是呼吸用的氣管。我們也會用從氣管排出的空氣來說話。

氣管和食道共用口腔後方的開口，在我們吞嚥的瞬間，氣管的通道會關閉以確保食物不會跑錯地方。如果我們倉促進食或是一邊吃飯一邊講話，食物可能會誤入氣管，這時肺就會趕緊送出氣體，引發一陣咳嗽，把食物排出氣管。

就算沒有察覺到，但是我們每次吞嚥時，氣管的開口都會關閉。從這裡開始，我們對肌肉接下來的消化工作就沒有知覺了。食道並不像橡皮管只是讓食物往下滑，它其實布滿肌肉，會把食物往下推擠，就像擠牙膏一樣，所以即使我們倒立，也可以把東西吞下。食物是被擠進胃裡，而不是單純的滑進去。

接著，食物來到了胃。胃壁有強健的肌肉，會進行規律的收縮和舒張。胃會擠壓食物，讓它在胃裡滾來滾去，這是很費力的工作。同時，胃也會混合食物和消化液，胃的消化液是強酸，由胃的腺體所分泌。肌肉和消化液的作用會改變食物，變得越來越接近液體，就像濃湯那樣。

食物的下一站是腸子。腸子同樣也會分泌消化液，並用肌肉來推擠食物將它變成液體，之後才能運往全身。

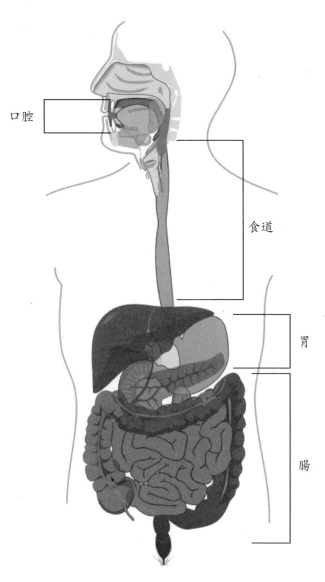

口腔

食道

胃

腸

▲消化系統
©Mariana Ruiz, Jmarchn @Wikimedia Commons

倉促進食或者一邊吃飯一邊説話，
食物可能會誤入氣管，引起咳嗽。

Chapter 21

消化過程與食物液的傳送

由潛意識驅動的烹煮、調味及品嘗

失足滑倒的時候，你的雙手會在你來不及思考之前就行動，以保護頭部而承受衝擊。雙手不會等你的指示才行動，它們是被潛意識所驅動。肌肉受到意志指揮，它可以在覺知（意識）之中運作，像是拿東西、工作或走路，也可以在不知不覺（潛意識）之中運作，就像滑倒的例子。

運用覺知的意志，我們可以做出很厲害的事情，但潛意識的意志更有智慧，因為它能指揮腸胃的活動。腸胃具有肌肉，但要透過潛意識的意志才能驅動。潛意識的意志有可能罷工，例如當腸的運作不順，你就有可能會便祕。相反的，潛意識也有可能工作過度，這時你就會腹瀉。所以無論執行消化的潛意識是懶散或過勞，你都會不舒服，但潛意識並不會無緣無故的出狀況。

若你狼吞虎嚥，食物沒有經過充分的咀嚼並跟唾液混合，胃的工作就會增加。當嘴巴沒有完成該做的工作，胃就會不高興，因為它

的工作增加了。胃在溫順的狀態下會有完美的收縮和舒張規律，但在急躁的狀態下，收縮和舒張就會變得雜亂不平穩。有些人經常飲食過度，胃就會因為疲勞而無法工作，活動的幅度也會變小。這些就是為什麼驅動胃部肌肉的潛意識會發生問題。

若是沒有受到不良習慣的影響，潛意識的智慧是超越腦中的知識的。從胃進入腸子的食物變成了液體，腸子就像廚房，潛意識會在腸子把食物製作成身體可以吸收的狀態。家裡的廚房是食物消化的第一站，這個過程會一直延續到腸道裡，烹煮可以讓腸子更輕鬆的消化食物。

廚師會在食物裡添加調味料，腸子裡的隱形廚師也需要各種調味材料。這些材料來自身體的其他部位，例如位在肝臟下面的膽囊有非常苦的膽汁。腸子需要這種很苦的膽汁來溶解脂肪，否則我們無法消化脂肪。如果膽囊有問題、無法提供膽汁給腸子，我們就要避免攝取脂肪以免生病。所以膽汁對於腸的消化是非常重要的。

另一個會把特殊材料送到腸子廚房的是胰臟。胃的消化液是強酸（鹽酸），而胰臟提供的消化液是鹼性的，能夠消化碳水化合物、脂肪和蛋白質。膽汁可以溶解脂肪，但胰臟的消化液可以消化脂肪。這些材料會一起發揮作用（胰臟還有另一項工作，就是製造胰島素。缺乏胰島素會讓身體無法調節血糖，這種病稱為「糖尿病」），腸子裡的消化作用十分複雜，比廚房裡的烹煮複雜多了，而腸子裡的隱形廚師就是我們的潛意識。

腸子與胃都具有肌肉，
然而腸胃的肌肉須經由潛意識的意志才能驅動。

當所有的消化步驟都完成、吃下的食物終於備妥，它會變成液體。無論我們吃什麼，都會在腸道變成液體，像是比較稀的湯汁。但腸子只是身體的廚房，食物還必須送到全身，因為肌肉產熱需要這些食物。肌肉需要熱才能活動，而產熱就需要食物。因此，食物必須離開腸子、抵達身體的每個角落，這個過程相當令人讚嘆。

腸子是中空並具有彈性的管道，盤繞在腹腔內。如果把它拿出來伸直拉長，長度可達6公尺，但它卻巧妙的盤繞在我們體內。腸道周圍有無數的微小血管，它們會通往較大的血管，最終抵達身體各處。所以只要這些液體食物離開腸道並進入微血管，就可以被血液輸送到全身。

這是如何辦到的呢？絨毛是細緻微小的羊毛，而腸道的內部就像絨毛，只不過它不是羊毛，而是密密麻麻的微小舌頭。這些舌頭會品嘗食物液，如果喜歡，食物液就可以離開腸道，並由血液輸送到全身。這些微小的舌頭稱為「腸絨毛」。

潛意識不只會烹煮食物，還像專業廚師一樣會試過味道才送上餐點，絨毛就是試吃食物味道的舌頭。舉例來說，蘋果皮、葡萄皮或甘藍菜裡粗硬的纖維無法滋養身體，絨毛就不會讓這些纖維素通過。它們會留在腸道裡，被腸子一直往前推，直到排出體外，到時候你就得去上廁所，把被腸子排除在外的東西排出身體。不過，纖維對身體也很重要，缺乏纖維的腸道會變得軟弱無力。

在食物液中，絨毛所喜歡的營養成分會被放行、離開腸道。這個

過程可不簡單，畢竟腸子沒有孔洞，也沒有任何一點孔隙。但神奇的是，腸子裡的食物液還是會慢慢的減少，一點一滴的出現在血管裡。在這當中，有些食物會被吸收，有些會被改變，科學家至今仍無法完全理解其中複雜的過程。

腸子外的小血管接收了食物液後，便把它輸送到一條大靜脈，也就是負責把食物液送到肝臟的肝門靜脈。肝臟也是另一道試吃食物的關卡，負責檢查血液中的糖分是否過高。如果血液中的糖太多，肝臟會取出糖分並儲存起來，肝臟就是個倉庫，存放暫時用不到的糖。當你跑步的時候，肌肉會燃燒大量來自血液的糖，這會讓血糖降低，於是肝臟就會把儲存起來的糖釋放到血液中。

肝臟守護著身體的糖，而它的下面的膽囊竟然還能提供膽汁給腸子呢！

這些體內對食物的烹煮、試嘗味道以及調味都是由潛意識在腸、肝、膽囊和胰臟所執行，如此我們的身體才得以生存和活動。

受到潛意識驅動，
腸胃會消化食物並分配到全身各處。

Chapter 22

節律系統
靈魂演奏「情感」的樂器

從我們咀嚼食物到血液把食物送至全身、讓肌肉可以燃燒來產生熱，這整個過程大約需要24小時。所以我們的消化也跟著晝夜規律的運行。

這應該一點也不奇怪，因為我們的食物幾乎都來自植物，即使是肉、奶油和雞蛋，它們的來源牛和雞吃的也都是植物，牠們生長肉、牛奶和蛋所需的營養也是來自植物。太陽的光和熱讓植物得以生長，當我們消化食物、讓肌肉進行燃燒時，所釋放的就是太陽曾經照耀在植物上的熱。我們也可以這麼說：植物捕捉了太陽的熱，我們透過消化再把它釋出。所以，消化與太陽有關聯，而且我們的消化時間平均就是24小時（糖所需的時間較短，脂肪則較長）。

體內的熱就是我們的意志所在。跑步的時候，我們會用上比站或坐時更多的意志，也感受到更多的熱，靈魂的意志力就在身體的熱當中運作。身體有著一定的體溫，大約是37℃，我們體內就像有一

股溫和、無形的火焰在燃燒，不會熱得讓身體著火，也不會冷到讓身體僵硬。意志就在這股溫和又穩定的火焰之中。

身體能維持體溫恆定實在是件了不起的事情。若是燃燒煤炭，要數小時維持固定的溫度幾乎是不可能的，溫度總會不斷的上下改變，但肌肉燃燒食物卻可以保持固定的溫度。不僅如此，我們的身體有三分之二是由水組成，所以這個燃燒就像是在水中進行。雖然看似不可能，實際上卻是可行的。用化學的方式，我們可以把兩種液體在試管中混合，讓溫度上升，而我們體內其實具有類似但又更複雜的機制來產生溫和又穩定的熱。

雖然身體燃燒食物的方式很複雜，但依然是一種燃燒。即使蠟燭燃燒燭火與身體燃燒食物的方式很不一樣，但兩者都需要氧氣才能燃燒。燃燒食物需要氧氣，這就是為什麼我們要呼吸。

我們吸入氧氣，讓食物可以在全身被燃燒利用。如同木柴燃燒，一部分會轉變成二氧化碳；當肌肉燃燒食物，也會有一部分變成二氧化碳，並隨著呼吸排出。

然而我們體內的燃燒與燃燒蠟燭還是有不同之處。燃燒蠟燭會消耗空氣中的氧氣，同時釋放二氧化碳，但人體的燃燒是有節奏的。我們先吸入氧氣，然後才呼出二氧化碳。所有的生物體都有吸入氧氣與吐出二氧化碳的節奏，而蠟燭是死的，沒有生命也沒有節奏。

接下來我們要進入身體的節律系統。我們已經了解人體的三大系統（神經、節律和消化系統）是如何協力運作的，如果節律系統沒有

身體燃燒食物就像燃燒燭火一樣需要氧氣，
這就是為什麼人類需要呼吸。

105

提供氧氣並清除二氧化碳，那消化系統也無法運作。

　　節律系統是情感的系統，我們可以從呼吸來了解這點。我們難過想哭的時候會抽噎啜泣，抽噎就是很短促的吸氣；當我們感到心煩意亂，呼吸就會變得紊亂而不再穩定規律，並參雜著斷斷續續的短促吸氣；當我們大笑，這種正面的感受也會讓呼吸比平常更有力。因此，強烈的感受會改變原本穩定的呼吸節奏。又例如，憂傷的時候人會嘆息，這便是一種深層的呼吸。這些例子說明了我們的情感會作用在呼吸的頻率上，即使是不太強烈的情緒也會稍微影響呼吸。上有趣的課也會讓你的呼吸比上無聊的課還要稍微快一點。

　　但為什麼跑步的時候呼吸也會變快呢？因為那時我們的肌肉需要更多氧氣來消耗大量的食物，加快呼吸可以提供身體更多的氧。相反的，我們睡覺時呼吸會緩慢下來，因為肌肉在休息，氧氣只需要用來維持體溫。正常狀況下，我們每分鐘會呼吸18次，不過在白天會快一點，晚上會慢一點。

　　每分鐘18次的呼吸，一天就是18乘以60分鐘再乘以24小時，也就是25,920次。地球也會呼吸，夏天時植物旺盛的生長就像是呼氣，在冬天消失則像是吸氣。植物就是地球的肺，偌大的地球呼吸得很慢，完整的呼吸一次要花上一年的時間。天文學告訴我們，當地球呼吸了25,920次，在春分那一天，已經走過黃道十二宮的太陽就會回歸到原本的位置。人類呼吸的節律就像是地球和太陽之間的迷你版宇宙節律。

我們呼吸的節奏是如此的精準，簡直就是迷你版的宇宙節奏，這個柏拉圖年，或稱作「大年」（即25,920年）在我們身上發揮了作用，影響了心跳和血流的節奏。測量自己的脈搏，你會發現1分鐘有72下，剛好是4乘以18，也就是每呼吸1次就會有4次脈搏，如同一年之中有四季。當跑步時呼吸加快，脈搏也會變快，但依然維持著每呼吸1次就脈搏4次的節奏。這個由呼吸和血液循環組成的節律系統真是充滿了驚奇！

人類的呼吸如同地球與太陽之間的規律，
是迷你版的宇宙節律。

Chapter *23*

呼吸與血液循環

空氣在體內的旅程

血液循環和呼吸之間的關係是4比1，也就是脈搏4次的時間與1次完整呼吸的時間相同。人需要規律，就像宇宙中也有巨大的規律：白晝與黑夜、夏天與冬天，以及大年。人體的規律跟宇宙的規律之間有巧妙的關聯，地球又緩又長的呼吸，規模縮小後便是我們的呼吸；而我們的呼吸之於脈搏，就像是一年之於四季。

由於身體有內在的節奏，所以我們會喜歡音樂、詩詞以及舞蹈的節奏。不止是腦袋，我們全身都喜歡這些節奏，因此唱歌和朗誦詩詞可以讓我們更健康、強壯。在這三大系統中，節律系統是健康的泉源，規律的做任何事情都能促進我們的健康。

呼吸和血液循環之間除了有律動上的關係，它們對身體的貢獻也與彼此相關。我們可以跟著空氣在體內的旅程來一探究竟，很多事情就發生在吸氣和吐氣之間這不到兩秒的時間。

空氣在體內的旅程就從鼻子開始。當然我們也可以用嘴巴呼吸，

特別是喘不過氣的時候，不過用鼻子呼吸是有好處的。身體要利用外界的東西時，都會先改變它，我們已經看過食物被身體利用前的各種轉變了，所以同樣的道理，空氣也會被改變。我們週遭的空氣溫度幾乎都比我們的體溫還低，不斷吸入冷空氣會對肺造成不良影響，我們很可能會因此生病，所以鼻子裡充滿了微小的血管，當空氣通過時便能提高空氣的溫度。

應該不難想像，我們需要很多的血液來溫暖每一口吸進來的空氣，因此這些血管裡的血流量很大，並且要很接近表皮才能發揮作用。所以當你撞到鼻子時，流出的鼻血可能比割破手指還要多上許多，因為鼻子裡的小血管很容易破裂。若你去登山，山上空氣稀薄，氣壓又比山谷還要低，而你的血壓依然跟在山谷時一樣高，鼻子的血管就有可能會破裂出血。我們的鼻子之所以會充滿這麼多血，是為了要溫暖吸入的空氣。

鼻子不僅可以溫暖空氣，也可以過濾空氣中的灰塵。鼻子有兩道過濾灰塵的防線，細小的毛可以攔截較大的灰塵顆粒，而鼻腔裡還有敏感的皮膚。用羽毛搔癢鼻子就知道它有多敏感了。當鼻腔裡敏感的皮膚受到輕微的刺激，就會產生黏稠的液體，微小的灰塵顆粒會被黏液捕捉而不會跟空氣一起進入肺臟。當你感冒的時候，無論空氣中有沒有灰塵，這道敏感的皮膚都會處於被刺激的狀態而發炎，並且不停的製造黏液。

哭泣的時候，眼瞼裡的腺體會分泌淚液。一般來說，腺體不會分

呼吸時，鼻子是空氣在體內旅行的起點，
鼻子能溫暖吸入的空氣及過濾灰塵。

泌太多淚液，只要可以沖掉眼睛裡的灰塵就夠了，但哭泣的時候你會產生很多眼淚，有些眼淚會從細小的管道流進鼻子、刺激裡面敏感的皮膚，這時你就會擤鼻涕。

當鼻子的血管溫暖了吸入的空氣、有害的灰塵被細毛和黏液攔截之後，空氣就會進入氣管並通往肺臟。但對肺來說，氣管裡的空氣還是不夠乾淨，所以氣管裡還有另一個淨化空氣的機制。氣管的內壁長滿了不斷上下掃動的纖毛，捕捉還存在空氣中的細塵。當它們集結了一些灰塵，我們便會感到喉嚨搔癢，並把灰塵咳出，這就是為什麼吸入髒空氣後會咳嗽。

這趟空氣的旅程讓我們明白了打噴嚏和咳嗽的原因。接下來，氣管從脖子延伸到胸腔，在胸腔一半的高度分成兩個分支，就像樹幹的枝幹，只不過這個特別的樹幹是中空的並且往下生長。這兩個分支一個通往右肺，一個通往左肺，因為胸腔左右兩邊都有肺臟。

在肺臟裡，每個分支又會再分出更小的分支，然後再度分支，實在像極了一棵上下顛倒的樹。這些分支稱為「支氣管」，在拉丁文就是「分支」的意思。支氣管炎就是這些細部分支的發炎現象。

樹會在樹枝的末梢結出果實，而我們體內這棵上下顛倒的樹也在最細的支氣管末端結有果實，那就是成千上萬的中空小球，稱為「氣囊」或「肺泡」。這些無數的氣囊集合起來就是肺。氣管就像樹幹，支氣管像樹枝，而肺就像樹上的果實。健康的肺會呈現出自然的粉紅色，但吸菸者的肺會被碳煙和焦油所覆蓋而變成黑色。

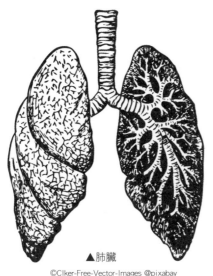

▲肺臟

©Clker-Free-Vector-Images @pixabay

肺臟器官	上下顛倒的樹
氣管	樹幹
支氣管	樹枝
氣囊、肺泡	果實

▲肺臟與大樹互相對應的部位（編輯整理）

　　我們已經隨著空氣從鼻子進到氣管，再到支氣管和氣囊。氣囊會在我們每次吸氣時充滿空氣，因此稱為「氣囊」。但空氣旅程到這裡只走了一半而已，因為肺泡裡面還有微小的血管，血管裡的血液會運送氣囊裡的空氣。接下來就由血液循環接手，把空氣送到全身各處與所有的肌肉來燃燒食物。血液也會把使用過的空氣（即二氧化碳）從全身各處運回氣囊，再經過支氣管和氣管，最後被我們呼出體外。

肺臟就像一棵上下顛倒的樹，

氣管是樹幹，支氣管是樹枝，肺的氣囊則是果實。　　111

呼吸的流程（編輯整理）

鼻子
- 鼻子的血管溫暖吸入的空氣
- 鼻孔的細毛與黏液過濾空氣中的灰塵

**氣管、
支氣管、
氣囊**
- 氣管內壁的纖毛捕捉吸入的細塵
- 支氣管分別通往左肺及右肺的氣
  囊，氣囊在吸氣時充滿空氣

血管
- 血液循環把氧氣從氣囊帶到全身各處
- 血液循環將二氧化碳由全身運回氣囊，
  再經過支氣管與氣管並排出體外

Chapter 24

氧氣與二氧化碳

互補的兩極：紅色的血液與綠色的植物

我們吸入氧氣，呼出二氧化碳。氧氣是生火的助手，若缺乏氧氣，火就會熄滅、無法燃燒也沒有溫度。對人類來說，氧氣帶給我們生命，若沒有氧氣，我們在幾分鐘之內就會死去。相反的，二氧化碳對人和動物來說都是會致死的氣體。義大利有個岩洞稱為「屠狗洞」（Dogs' Cave），地上蓄積了一層從火山地質冒出的二氧化碳，由於二氧化碳比空氣重，所以只會上升到一定的高度，大約是人臀部的高度。如果一個人走進洞穴時，頭的高度高於二氧化碳層，便可以呼吸到氧氣，不會有危險。但是若狗也跟著進去，就會快速死亡，因為牠們的頭正好在二氧化碳當中，很快就會窒息。

賦予我們生命的氧氣會隨著吸氣時進入氣管以及兩根支氣管，再到小支氣管和氣囊，這些小小的氣球便會馬上充滿氧氣。氧氣會很快的被血液吸收並離開氣囊，而血液也把二氧化碳送到氣囊，所以血液隨時都在帶走氣囊中的氧氣，並把二氧化碳送入氣囊。

血液把氧氣從肺泡或氣囊送到全身，也把二氧化碳從全身運走。我們只感覺到自己吸氣、吐氣，但真正負責輸送氧氣到全身以及送走二氧化碳的是血液循環，血液循環讓我們得以存活。

如果人類和動物不停的從空氣中擷取氧氣並排出二氧化碳，地球的氧氣很快就會用盡，人和動物也會滅絕。但這並沒有發生，因為植物會吸收二氧化碳並產生氧氣，跟我們的呼吸剛好相反。

植物的「肺」跟我們不一樣，其實我們都看過它們的肺，那就是葉子。植物用葉子呼吸，冬天時樹的葉子掉光，呼吸便停止，進入休眠狀態，這就跟一些在冬眠時幾乎不呼吸的動物一樣。當春天來臨，新葉長出，樹又會開始呼吸。若夏天時樹葉被拔光，它就可能會死掉，因為這正是它該呼吸的時候。

樹葉是怎麼呼吸的呢？葉子裡有一種特別的物質，可以吸收空氣中的二氧化碳，並釋放出氧氣，我們都知道這個物質，它讓樹葉呈現綠色，稱為「葉綠素」（葉綠素位於葉綠體中，葉綠體為光合作用的主要場所）。

這個神奇的綠色物質會吸收二氧化碳、吐出氧氣，但只有在陽光的幫助下才能做到。葉綠素很特別，它讓太陽的光與熱直接進入，並用它們製造碳與氧氣。夜晚沒有陽光時，植物就不會釋放氧氣。

當植物在白天製造了碳與氧氣之後，氧氣會被釋放到空氣之中，碳則會留在植物體內。植物利用這些累積起來的碳讓自己生長。我們吃的食物就是植物累積的碳，我們稱為「碳水化合物」，即澱粉

或糖。當碳水化合物在體內燃燒，我們便釋放曾經進入葉綠素的光與熱。

因此，葉綠素和陽光為我們做了兩件事：提供我們呼吸的氧氣以及食物裡的碳。

只有植物具有這種能讓陽光進入的物質。人類沒有葉綠素，有的話就可以在自己體內回收利用二氧化碳了，不過我們會因此變成綠色的，陽光也會進入我們的身體。我們雖然沒有葉綠素，卻有一種類似葉綠素的東西，稱為「血基質」。血基質和葉綠素有一項很大的差異，葉綠素中含有鎂，血基質則含有鐵，因此血基質是紅色的，血液的紅色就是來自血基質。葉綠素讓植物呈現綠色，血基質則讓我們的血液呈現紅色。

血液中的血基質從肺泡取得氧氣、帶給食物，也就是肌肉裡的碳。人體燃燒碳與氧，釋放出二氧化碳與熱；植物利用太陽的能量吸收二氧化碳，製造碳與氧氣。紅色的血和綠色的植物就像相反的兩極，也像白天與黑夜，彼此融合成一體又互補。陽光被葉綠素吸收，又被紅色的血液釋放。想要了解人體，就得了解宇宙的運行規律以及植物的呼吸方式，因為人與世界相互依存。

植物也有會呼吸的肺，
會在陽光的幫助下吸收二氧化碳、吐出氧氣。

Chapter 25

血液與食物液的循環

體內的四季循環與管理員

外頭的樹會從周遭的空氣吸收二氧化碳，並將氧氣釋放回去。而氣管、支氣管和氣囊，這個我們用來呼吸的「倒立的樹」，也是從血液中吸收二氧化碳，並將氧氣釋放回去，帶往全身。雖然我們沒有葉綠素，也不會轉變二氧化碳，但我們體內的樹運作起來跟外頭的樹十分相似。

血液從肺獲得氧氣並送回二氧化碳，但同一個路徑無法完成這兩件事情，我們需要兩條不同的路。所以，血液會走其中一條路離開肺臟，攜帶氧氣送往全身，並在各處收集二氧化碳之後，再從另一條路抵達肺臟。這兩條血液的路徑儘管方向不同，但都會經過同一個車站，那就是心臟。帶著氧氣離開肺臟的血，會先經過心臟再通往全身；而帶著二氧化碳離開身體各處的血，則會先經過心臟再回到肺臟。

血液在管道中旅行，這些管道有的厚有的薄，有的小到用顯微鏡

才看得見。每一條較大的管道都會分支再分支，像支氣管那樣越分越細，這樣血液才能遍及全身。這些管道稱為「血管」。用顯微鏡才能看到的最細的血管稱為「微血管」，它的英文原意是指「細毛」，雖然微血管比細毛還小。

微血管其實是血液的折返點，在肺中的微血管，血液會送走二氧化碳，並再帶著氧氣啟程。在身體各處的微血管，血液則會提供氧氣，並帶著二氧化碳一同返程。進入心臟和離開心臟的血管是最粗的，像手指一樣粗。

這些大大小小的血管可以分成兩類：將氧氣攜出肺臟的血管，以及將二氧化碳攜回肺臟的血管。這應該不難理解，不過一開始發現這個循環的醫生在為這兩種血管命名的時候，是以心臟為出發點，而不是肺臟。他們把從心臟出發的血管稱為「動脈」，而回到心臟的稱為「靜脈」。這可能會讓人有點糊塗，因為身體所有的靜脈運送的都是攜帶二氧化碳的血液，但從肺臟通往心臟的靜脈卻是攜帶氧氣。而動脈也是一樣，從心臟離開的都是充氧血，除了那條從心臟通往肺臟的動脈，它攜帶的是二氧化碳。

離開肺的充氧血和進入肺的缺氧血很不一樣。動脈裡的充氧血是鮮紅色的，而靜脈裡攜帶二氧化碳的血則是深紅色的。具有鮮紅血液的動脈血管富有彈性，可以隨著心臟的搏動做伸展，這就是你在接近皮膚表面的動脈所感受到的脈搏。動脈有肌肉可以改變寬度以輸送不同的血液流量。但靜脈的血流不會產生明顯的搏動，肌肉也

微血管是血液的折返點，
負責將氧氣由肺部送至全身，並將二氧化碳帶回肺部。

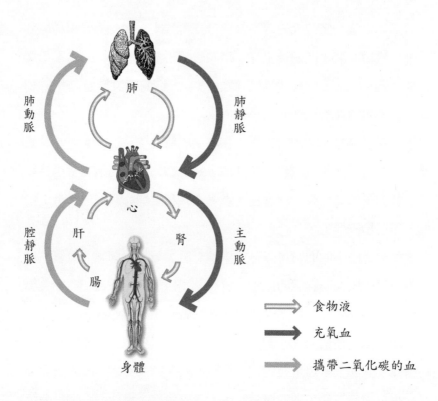

肺

肺動脈

肺靜脈

心

腔靜脈

肝

腎

主動脈

腸

身體

$\Rightarrow$ 食物液

$\Rightarrow$ 充氧血

$\Rightarrow$ 攜帶二氧化碳的血

▲血液循環方向

© Clker-Free-Vector-Images, Wnauta @ pixabay , Wikimedia Commons

少得多。動脈的鮮血就像充滿活力、勇往直前的年輕人,當他回到
靜脈時已經衰老了。

　　血液循環就是四季的縮影。從肺出發的鮮紅充氧血是夏季;回到
肺臟、充滿二氧化碳的暗紅血液則是冬季。肺的微血管裡,血用二
氧化碳交換了氧氣而獲得新生,這是春季;而在身體其他部分的微

血管，氧氣換成了二氧化碳，便是秋季。

到這裡，可別忘了食物是如何透過血液從腸道運往全身的。運送二氧化碳的靜脈血也負責把食物液從腸道運往肝臟，經過肝的作用之後運到心臟，再回到肺臟。在肺中，食物液會與重新獲得氧氣的血前往心臟，再抵達全身。

靜脈血從腸道獲得食物液之後，會先送往肝臟。肝臟是個管理員，會拿走多餘的糖。而動脈血在把食物液送達全身之前，也會先給另一位管理員檢查，那就是「腎臟」。腎臟有精細的品味，它萬無一失的檢查血液，把任何用不到的廢物或是對身體有害的物質透過膀胱排出體外。例如，當你消化蛋白質的時候，肝臟會產生一種稱為「尿素」的廢物，當帶有尿素的血液抵達腎臟，就會被腎臟送去膀胱，並藉由尿液排出體外。

腎臟也會被你的情緒影響。當你處於興奮的狀態，尿液就會變多，你就得常跑廁所。

血液在肺交換了氧，又在其他部位交換二氧化碳，就像四季的縮影。

Chapter 26

血液的作用

維繫生命的療癒力量

氧氣從心臟出發、在動脈中流動，二氧化碳在靜脈中流動並回到心臟，但其實這兩種血管中是一樣的血液，它只是從動脈流經微血管，再進入靜脈。在身體各處，無論是小腳趾還是鼻尖，都具有動脈、靜脈和微血管。若你仔細照鏡子，也許還能在眼角看見它們。不妨試著在腦海想像河水奔流的畫面：鮮紅的河水從肺臟流到心臟，再從心臟流出、進入更細更小的支流，流經身體每個角落。接下來，小支流和另一條小支流相會，河水同時從鮮紅色變成暗紅色，細小的支流接著匯流入更粗更大的河道，河水便流回心臟，再回到肺臟。暗紅色的河流也會夾帶食物，先到肝臟再回肺臟，變成鮮紅色的河流後，先到腎臟再到全身。

紅色的河流會把我們所吃的食物送到全身，我們來看看這個令人讚嘆的過程。身體的各個部位都需要不一樣的食物：肌肉需要蛋白質來生長，也需要碳（以葡萄糖等的形式）；骨頭需要鈣來變得強壯

堅硬；腦部則需要磷。所以身體各處幾乎都需要特殊的食物。科學家在最近的兩百年才漸漸了解各個器官所需的營養，我們的血液卻一直都很清楚。

血液是有智慧的，它知道每個器官所需的物質和所需的量，並且完全依照器官的需求送達。血液可不只是來回流動的液體，它知道骨頭需要鈣質，也知道肌肉需要蛋白質。想像一下，如果血液送很多鈣給胃，也許胃就會變得像骨頭那麼硬，但有智慧的血液卻從來不會犯這樣的錯。雖然有時鈣會沉積在動脈裡造成動脈硬化，不過這在老年人身上較為常見。

血液的智慧之流也是療癒身體的偉大力量，它能做的比任何醫生都還要多。舉個簡單的例子，當你割傷手指，如果血液什麼都不做，任由傷口不斷流血，即使是最小的傷口也會讓你血流不止，因失血過多而死亡，但血液卻發揮了它的作用。血液平時就像紅墨水是稀薄流動的液體，但當你割傷，傷口附近（沒錯，只有傷口附近）的血就會改變。首先它會變得具有黏性，這個黏黏的東西會漸漸變厚、變硬，直到成為硬殼。這層殼會把受傷的小血管給封住，你就不會繼續流血了。

血液在傷口周圍變厚、變硬的現象就稱為「凝血」。若血液沒有這樣的智慧在必要的時候進行凝血，再細小的扎傷都會致死。有些人的血液不會凝固，例如血友病患者，他們就必須隨身攜帶人工的凝血物質。

身體各個器官都需要特殊的食物，
血液不但熟知器官的需求，還有療癒的力量。

以上只是血液作用的一小部分。割傷的時候，血液會讓被切開的皮膚往彼此的方向生長，直到傷口密合。如果傷口又大又深，裂口就會長出新的血管，幫助皮膚生長來填補皮膚邊緣的空隙。癒合後的小傷口會完全消失，但若是很深的傷口，新生的皮膚就會跟原本的有點不同，因此留下疤痕。所以，聰明的血液不僅可以止血，也會修復傷口、讓皮膚再生。若是骨頭受傷，血液也同樣的會用新的骨質來修補。

　　讓我再舉一個例子。當銳利的小碎片跑進皮膚時，血液會用特別的液體包圍這個外來入侵者，並慢慢將它推出皮膚表面。皮膚會因此腫脹，這是我們感到疼痛的原因，接著皮膚會破裂以趕出入侵者。這個特殊的液體是「膿」，是血液治癒我們的其中一種方式。

　　除了小碎片之外，皮膚也可能受到「軍團」入侵──引發感染性疾病的病菌（病毒或細菌），例如麻疹、腮腺炎和白喉。這些病菌會毒害身體，每當我們受到毒害，身體就會製造反毒物質，即對入侵者發動反制的物質。這些屬害的反毒物質有點類似藥物，我們稱為「抗體」。我們有各種不同的抗體可以對抗不同的入侵者，這就是抗體屬害的地方。腮腺炎與麻疹的毒害不同，但血液總是能對症下藥，製造對抗不同入侵者的抗體。一旦被製造出來，這種抗體就會殘存一點在血液中，若有同樣的入侵者再度闖入，身體很快就可以反制。因此，很少會有人感染兩次麻疹或腮腺炎，因為血液會記得要用哪種抗體來對付病菌。

身體幾乎所有修復都是透過血液來進行。無論是哪種病痛、外傷或疾病，都是智慧的血流讓我們得以癒合康復。**醫生其實是向血液學習**，所有的藥物和療法都是為了要幫助血液進行偉大的任務，真正的療癒智慧就在血液當中。

血液會不斷的更新，由於它一直在進行各種工作，血液也會疲乏、衰老，因此也會新生。血液更新的週期大約是四個月，而製造新血的地方就在骨頭當中。若你觀察雞或豬的骨頭，會發現它是空心的，裡面柔軟的骨髓就是造血的地方，讓血液可以在四個月左右的時間內全部汰舊換新。

血液不止可以療癒身體，也能療癒自己，把老舊疲乏的成分淘汰，從骨髓換上新的。血液是個實實在在的偉大療癒家！

血液是個偉大的療癒家，
身體的療癒幾乎都由血液的智慧所進行。

Chapter 27

心臟
人體內的小生命

偉大的血液與呼吸密切相關。血液循環和呼吸都屬於節律系統，我們的情感也存在這個系統當中。我們的感受會改變血流，羞愧和難為情會增加流往臉部的血液，害怕則會減少臉部血流，讓我們臉色蒼白，有些人甚至會因為過度驚嚇而昏厥。為什麼會這樣呢？受到突如其來的驚嚇時，流向頭部的血液會大幅減少，且不只臉部，腦部也會缺乏足夠的血液，若沒有從血液中獲得充分的氧氣和營養，腦部就會停止運作，我們便會昏厥、失去意識。

因此，我們的情感影響著血流，任何感受或多或少都會影響血液，強烈的感受就會產生強烈的作用。任何細微的感受都會傳達到心臟，即使是擔憂這種不算強烈的情感也不例外。肩負重任的人就時常擔憂，當然也有總是擔心小事的人。如果這股憂慮持續好幾年，心臟會變得衰弱，醫生便會建議他們要排解這股憂慮、避免激動，以免心臟停止工作。緊急事件和倉促行事也會對心臟造成負

擔，嫉妒、憎恨和貪婪這些負面情緒也不例外。但如果你時常懷抱關愛和熱情，心臟就會更強健。

心臟可以感受靈魂的狀態。有些情緒就像溫暖人心的和煦陽光，有些則像強烈冷氣團。除了感受靈魂，心也可以感受身體。如果我們大吃大喝，心臟就會有所感受，變得懶散無力；如果我們過度忙碌，沒有適當的休息，心臟也會有所感受，變得又僵又硬。心能感受到胃和肝的運作，就像你會跟朋友分享歡笑與淚水，心也會分享其他器官的歡笑與淚水。心臟就是身體裡每個器官的好朋友。

但是，心臟是怎麼知道胃、肝或皮膚發生了什麼事呢？心臟不會移動，但它可以從血液得知身體各處的狀況。心臟可以「感受」到血液中極微小的變化，任何一點改變都是訊號，可以告訴它身體發生了什麼事。舉例來說，吃飽飯後腸胃需要更多的血來認真工作，心臟感受到就會向腹部提供更多的血液，並減少頭部的血液供應。因此我們在飯後無法思考太複雜的事情，因為這時腸胃的血液需求較高，腦袋無法獲得額外的血液以供思考。心臟就是如此調節器官的血液供應。

在一次循環當中，血液會經過心臟兩次：一次是通往全身之前，一次是從全身回來之後。當血液流過心臟，心臟就會感受並聆聽血液，了解各個器官的狀態以及它們的需求。心臟是血液循環的中樞，也是我們的情感中樞。

血流經過心臟時有個特別的現象，就是會在每次心跳之間短暫的

心臟就像器官的朋友，當血液流過時，
心臟便能感受每個器官的狀態及需求。

停留，這在身體其他地方不會發生。在這個心跳與心跳之間的暫停當中，心會去感受身體的需求。全身的血液大約每隔一分鐘左右就會通過心臟一次，也就是說，你的每一滴血每隔一分鐘就會回到心臟，並短暫停留以傳達訊息。

血液是如何在心臟暫停又繼續流動的呢？心臟是中空的，所以血液才能進出。心臟分成四個腔室，隔層相互交叉，只有中間垂直的隔層是一道真正的牆，那是一層又厚又強壯的肌肉，把心臟分成左右兩半。左半邊是鮮紅血液的通道，接收來自肺臟的血液，再經由心臟抵達全身。右半邊是暗紅色血液的通道，接收來自全身的血液，再經由心臟抵達肺臟。心臟中間的肌肉將這兩種血液分隔開來，絕不會混在一起。

心臟的垂直中隔把鮮紅的血液和暗紅色的血液區隔開來，但水平的隔板並不是牆，而是可以開關的瓣膜，讓血液只能往單一方向流動。上半部的兩個腔室稱為「心房」，在接收血液之後便會收縮，收縮的壓力會把血液送過瓣膜、抵達下方的腔室，稱為「心室」。上方的心房也會舒張讓血液進入，同時心室會收縮，把血液送出心臟，並再度舒張，準備接收心房收縮帶來的血液。

心臟是這樣跳的：上面的心房收縮，下面的心室同時放鬆舒張。接著，心房舒張，心室同時收縮。如果用聽診器探聽心跳，你會聽到「噗通——噗通——噗通」的聲音，「噗」就是心室大力收縮導致瓣膜關閉的聲音，較小的「通」一聲則是心房收縮使瓣膜關閉的

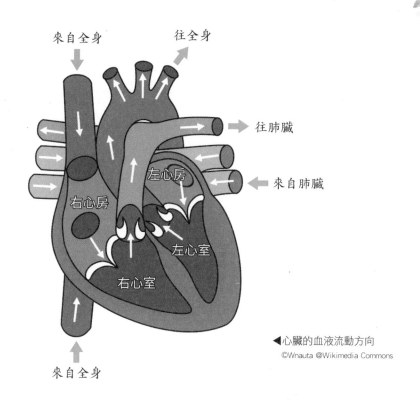

來自全身　　　往全身

往肺臟

來自肺臟

左心房

右心房

左心室

右心室

來自全身

◀心臟的血液流動方向
©Wnauta @Wikimedia Commons

聲音。噗通聲之間的間隔大約只有不到一秒，心臟就是在這時候「感受」血液，了解身體的狀況。

　　我們看到了心臟有兩種感受的方式。它可以感受靈魂──興奮會讓心跳加快，擔憂則讓心臟衰弱。心臟也可以感受身體──在飽餐一頓之後把更多的血液送往腸胃。這些都是透過血液來達成的。血液中含有我們所攝取的食物，有些東西會讓心臟產生強烈的反應，例如咖啡的作用就像在抽打心臟，讓它跳得更快。但若是長期這樣鞭策心臟，則會有不好的影響。茶對心臟也有類似的效果，只是沒

當血液通過心臟時，
心臟能透過血液來感受身體的狀況。

有那麼強烈。酒精和菸草對心臟也有不同的作用。

心臟會感受血液裡的東西，藉此得知身體的狀況，但要產生知覺，我們就需要腦和神經系統。心臟右上方的肌肉裡也有自己的腦和神經系統，這是一個神經組成的小結，稱為「節律點」，可以調控心跳。心臟是身體唯一具有自己的小腦的器官。

現在你了解心臟有多麼像一個完整的個體。首先，它是由肌肉所組成，而肌肉是消化系統，心肌的收縮和舒張使心臟跳動，這跟四肢或是胃的肌肉活動並沒有不同，都是肌肉在運作。不過，與其他肌肉不同的是，心肌在我們這一生中都不會停歇。除了肌肉，心臟也有自己的小小神經系統，而血液當然就是節律系統。因此，心臟就像一個完整的生命，具有消化、節律和神經系統，這就像自然界在我們體內建置了一個完整的小生命。

在多數講述人體的書籍當中，都會把心臟稱作一個「泵浦」，因為心臟的收縮和舒張的確會推進血液，將它送往全身。但如果認為心臟只是個泵浦，那你就忘了心臟也會讓血液短暫停留、忘了心臟也有自己的神經系統、也忘了它能感受和分享我們的喜怒哀樂。

要記得，心臟是整個血液循環的中樞，有智慧的血液不停的在動脈、靜脈和微血管中流動循環。如果有一個裝置可以看見全身的血液網絡，你會看見它呈現出人體的形狀，因為微血管遍布身體的每個角落，但這一切都在持續的流動，從肺臟到心臟，再到身體周邊，周而復始。

Chapter 28

神經系統

靈魂演奏「思考」與「感知」的樂器

我們再來想像一個類似的裝置，但這次你看見的不是血液，而是神經系統。神經是細小的纖維，以腦為中間點向身體各處延伸。透過想像的裝置，我們一樣會看到神經呈現出人體的形狀，只不過它不會流動。消化系統有肌肉的運動，節律系統有血液的規律流動，但神經系統並沒有這樣的動作，這是有原因的。

你無法在快速流動的溪水中看見樹或天空的倒影，但是在沒有風吹過的靜止湖面上，樹和天空就可以被忠實的照現。我們的神經靜止又無聲，因為它的任務就是要忠實的反映世界的樣貌。如果你的腦和神經跟血液一樣持續流動，你對周遭的世界便會一無所知，就像不知道自己的血液裡有什麼。所以神經系統就是一面靜止不動的鏡子，忠實呈現出周遭的世界。

神經系統是靈魂的樂器，可以思考也可以用來感覺，這些感覺包含視覺、聽覺、味覺、嗅覺和觸覺。神經的首要功能是透過感官來

形塑世界的樣貌，在那之後我們才能思考。
我們的感覺器官：眼睛、耳朵和具有觸覺
的皮膚等都屬於神經系統。

　　我們得先弄清楚一件事，看見世界
的不是我們的眼睛，而是靈魂用眼
睛看見了世界。奧地利的茵斯布魯
克大學（University of Innsbruck）進行
了一項有趣的實驗，發現看見世
界的是我們的靈魂（或稱「心
智」），而不是只有眼睛和神
經。實驗中，有些自願者（主
要是學生）必須連續幾個星期都
配戴特製的眼鏡。這些眼鏡並不
是一般的透鏡，而是變形鏡，會讓
光的路徑歪斜，並在眼鏡視野邊緣產
生七彩的顏色。

　　起初，這些戴變形鏡的人感到非常
沮喪，他們無法自己在路上行走，也
無法拿起筆，因為筆根本不在他們看
到的地方，這讓他們十分無助。三、
四天之後，他們覺得東西看起來沒有

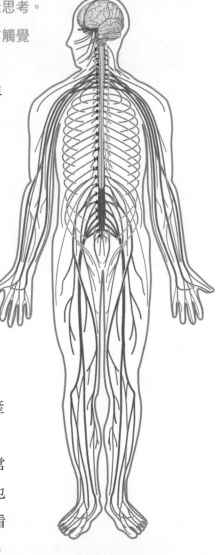

▲神經系統

©Medium69 , Jmarchn @Wikimedia Commons

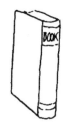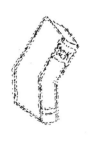

◀左：正常狀況下所看見的書。中：透過變形鏡所看見的書。右：拿下變形鏡後所看見的書。

那麼歪了，無助感也減輕許多。經過了六個星期，即使依然戴著變形鏡，他們看到的世界卻跟平常一樣，東西不再歪斜，七彩的顏色也不見了。他們可以跟其他人一樣走路、吃東西和做任何事情。

等他們看到的東西都恢復正常以後，研究者便把眼鏡收回。他們眼前的世界再度變得扭曲，視野邊緣又出現了七彩的顏色，只不過這次世界歪的方向顛倒了，七種顏色的順序也是反的，因為他們的眼睛已經適應了變形鏡，並且矯正了扭曲的影像。但幾天之後，一切又開始恢復了，隔了幾個星期他們所看到的東西就是實際上的樣子，他們恢復了「正常的視力」。

靈魂會告訴眼睛該如何看，以及該看些什麼，無論是新生兒還是年長者皆是如此。嬰兒在剛出生的幾星期內無法拿起想要的東西，因為靈魂需要時間來讓眼睛適當的運作。若是天生眼盲但透過手術獲得視力的人，也是一樣的道理。他們不會馬上就看見跟我們一樣的東西，一開始可能只是模糊不清的輪廓，但幾個星期之後他們就能看得跟我們一樣。整個神經系統，包括感官、感知和神經，都是靈魂的樂器，等待靈魂來巧妙的使用。

神經系統包含眼睛、耳朵等感覺器官，
透過這些感官，我們便能形塑世界的樣貌。

Chapter 29

眼睛
活躍的相機

我們已經探討了視覺感官，以及靈魂是如何訓練眼睛去看。「角膜」被眼皮所遮蓋，是一層透明又堅韌的薄層，就像是保護眼球的圓頂窗。角膜之下灰色、藍色、黑色或棕色的部位稱為「虹膜」，在希臘文是彩虹的意思。在這帶有顏色的虹膜中心有一個黑色的洞，那就是「瞳孔」。在強烈的光線之下，瞳孔會變小以避免過多的光線進入；光線微弱的時候瞳孔便會放大，盡可能的捕捉光線。

「水晶體」位在瞳孔後方，就像玻璃透鏡，但它是軟的，並且會改變形狀。看向遠方時水晶體會變得又扁又薄，看近物時則會變得又圓又厚。穿過水晶體的光線會在眼球後方產生上下顛倒的影像，不過顛倒也沒關係，因為靈魂會轉正影像，就像它會修正受試者在實驗中看見的歪斜影像。眼球內部充滿了透明的膠狀物質，稱為「玻璃體」，讓眼球得以維持球狀。如果眼球是空心的，它就無法

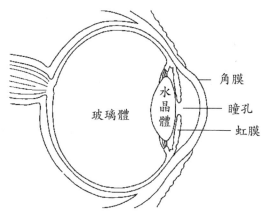

▲眼睛的構造
©PublicDomainPictures @Wikimedia Commons

維持球狀，所產生的影像會變得扭曲又模糊。

　　眼球後方產生影像的地方稱為「視網膜」，它是一種特殊的薄膜，能夠顯現彩色的影像，就像相機的底片，只不過視網膜可以持續不斷的拍攝照片。視網膜具有特殊的化學物質，對光非常敏感。其中有一種玫瑰紅色的物質稱為「視紫質」，由於它對光非常敏感，因此在夜晚或是光線微弱的地方我們還是看得見。另外還有一種類似但卻對光不那麼敏感的物質，稱為「視紫藍質」，是我們日間的視覺所需。

　　如果你直視一道強光，大概什麼也看不見，還會有一個黑色的點或圓圈浮現在眼前。當強光照射到視紫藍質，會破壞它並讓它暫時失去功能，因此強光照射的位置你會什麼也看不到，這個「看不

眼睛是非常活躍的器官，
會不斷產生「後像」或「錯視」等視覺現象。　　133

到」就是所謂的黑點或圓圈。如果視紫藍質沒有被血液修補更新，你就再也看不見了。視網膜裡面有許多精細的微血管，具有療癒力的血液會讓視紫藍質重新恢復，所以你眼前的黑點很快就會消失，視力會再度回復正常。

其實每當你「看」任何東西，少量的視紫藍質便會被破壞，但如果光線不是很強烈，破壞的程度就很小，很快就會被血液修補，你甚至一點感覺也沒有。但是，如果沒有這種破壞又修復的過程，你也會什麼都看不見，因為這就是視網膜能夠連續捕捉影像的祕訣。你看見的每個東西都會在視網膜上破壞視紫藍質，但血液能在十五分之一秒內恢復它。因此每當捕捉一個畫面，視紫藍質就會被破壞，血液修補它的同時，隨即抹去舊的影像。

在特殊情況下，我們可以察覺到血液對眼睛的修復。當你注視一個紅色圓點並將視線迅速移到白紙上時，你會看見一個綠色圓點，這稱為「後像」。這即是血液的修補作用，當某種顏色太多，它的互補色就會產生。視網膜被紅色給「破壞」，你就會察覺綠色後像的血液作用。

眼睛不是非生命的相機，它隨時都很活躍，不斷的產生類似後像的視覺現象。眼睛的活躍狀態有時超乎想像，若我們畫一條線，並在中間畫一個點把線分成等長的兩半，視覺可以告訴我們那個點的確在正中間。但如果我們再畫上一些箭號，視覺就會以為兩邊不一樣長。這個現象稱為「視錯覺」或「錯視」，有很多圖像都可以讓

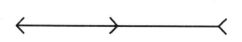

◀一條直線被分成均等的
兩半，但若畫上箭號，
兩邊便顯得不一樣長。

我們知道眼睛多麼的活躍。

我們透過眼睛觀看世界，擁有兩隻眼睛是一件很特別的事。先用一隻眼睛看近物，再用兩隻眼睛看，會發現影像看起來是不一樣的。用雙眼觀看時，兩隻眼睛的視覺會合在一起，呈現出具有三個維度的立體景象，並給我們「真實」的感覺，而不是像畫作那樣的平面。這種雙眼視覺非常重要，讓我們可以正確的判斷距離。若你用左手拿著一枝鉛筆，只用一隻眼睛看，再用另一隻手的手指去碰筆尖，你可能得試個幾次才能碰到，因為單眼視覺難以判斷距離。

還有另一個雙眼視覺的測試：把一張紙捲成筒狀並放在左眼前，接著張開雙眼，把右手放在紙筒外側，這時你的右手看起來就好像有一個洞，這是因為雙眼視覺會將兩隻眼睛的影像重合。

眼睛另一個重要的功能稱為「視覺暫留」。當你注視一個東西，然後迅速移開視線，這時原本的影像並不會馬上消失，因為視網膜會保留這個影像大約十五分之一秒。我們可以從以下的實驗來觀察這點。

把一張紙摺成左右兩半，在其中一面畫上一張嘴張開的臉，摺起

每當我們看東西，視紫藍質會被破壞及修復，
破壞及修復的過程便是視網膜捕捉影像的祕訣。

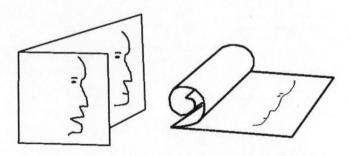

▲用兩張靜止的圖畫可以創造出動態的錯覺。

後沿著剛才所畫的臉描繪，但嘴是閉起來的。現在用一枝鉛筆捲起上面這層紙，再快速的來回滾動，你會看見這張臉不停的張開又閉上嘴。電影和電視所利用的就是這個原理，當不同的靜止影像快速播放，前一張的影像還沒消失時新的影像又出現，我們就會「看見」裡面的動作。視網膜會讓影像呈現十五分之一秒的時間，聽起來很短，但這短短的時間就可以讓影像看起來是連貫的，否則我們的視覺會是不停閃動的無數片段，讓人受不了。

　　眼睛還有一個有趣的地方就是「盲點」，它跟連接視網膜與大腦的神經有關。在一張紙上畫一個圓點，並在左邊十公分處畫上一個十字。接著閉上左眼，右眼看向十字，然後把紙或遠或近的移動，

▲「盲點」測試

136

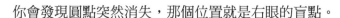

你會發現圓點突然消失，那個位置就是右眼的盲點。

　　如果沒有連接視網膜和大腦的視神經，眼睛的美妙功能都會失去用處，我們什麼也看不見。如果這個神經意外受損，就算眼睛的其他部位正常運作，我們也無法看見。

　　左眼和右眼有各自通往大腦的神經，不過這有點複雜。左眼的神經有一部分連結右腦，一部分連結左腦；右眼的神經有一部分連結左腦，一部分連結右腦。因此，兩眼的神經有部分是交叉的。

　　我們可能以為神經在視網膜的起點，那邊的影像會特別清晰，其實不然。視神經的起點無法產生影像，那就是我們的盲點。視神經是視覺所需，但眼睛和視神經交會的地方卻是我們的盲點，這真是件有趣的事。

　　但是，我們又需要這個神經才能看得見。其他感官也是一樣，若沒有從耳朵內部通往大腦的神經，我們便聽不見；若沒有從鼻子裡面通往大腦的神經，我們就聞不到；若沒有從手指通往大腦的神經，我們會感覺不出東西是平滑還是粗糙。而神經長什麼樣子呢？它看起來是偏白色的纖維，但不像血管是中空的。我們的感覺器官，例如眼睛和耳朵，就像是神經系統和外界之間的特殊邊境。

　　當你看向炫目的強光，視線中會出現黑點，但並不是一片漆黑。那片黑色並不是因為你看見了什麼，正好相反，那是因為你看不見，那個區塊暫時失去了原本的功能。

　　你每看一眼都會對眼睛裡的視紫藍質和視網膜造成一點小小的傷

我們需要視神經才能產生視覺，
但視神經與眼睛的交會處卻是我們的盲點。

害，甚至連視神經都會有輕微的受損。但正是因為這些眼睛和神經的小小傷害，我們才能看得見。我們所有的感官和神經都是如此，若沒有微小的損傷，我們的視覺、聽覺、嗅覺、味覺和觸覺就無法運作。而血液也是不斷以極快的速度在修補和療癒，因此我們一點也沒發現。

但是血液無法完全修復所有的傷害，光線、聲音、味道和觸碰隨時都在湧入感官，腦部和神經所受的傷無法很快的修補完成，當這些傷害累積到一定的程度，神經系統會和眼睛看到強光時一樣暫時停止運作，我們便會睡覺。我們睡覺時，沒有新的影像和聲音要處理，血液就可以修補白天做不完的工作。因此，睡覺就像看到強光時出現的黑點，只不過範圍涵蓋了整個神經系統。

我們了解到一件很重要的事：節律系統不需要睡覺，心臟和血液日夜不停的工作；消化系統也沒有睡覺，腸胃日夜不停的工作。如果沒有工作，胃甚至會發出抗議，那就是我們肚子餓的時候。我們的三個系統中只有神經系統需要睡眠，以修補我們清醒時不斷產生的小規模傷害。但若沒有這些傷害，我們大概也無法清醒。清醒其實可以視為是一種溫和的病痛，每天晚上睡覺就是在修復，若睡眠不足可是會生病的。但若沒有清醒這種病痛，我們就無法了解這個世界，看不到也聽不見。每天晚上當我們進入睡眠，就會暫時看不見也聽不見，病痛得到療癒，傷害也獲得修復。

Chapter 30

耳朵
聲音的處理廠

耳朵外部的構造能夠盡可能的捕捉聲音，所以當你聽不清楚時，會把手彎起來放在耳朵外面幫忙「捕捉聲音」。耳朵的每個地方厚薄不一也是為了捕捉聲音，並將聲音反彈送入「耳孔」。接下來，聲音會穿過一個管道，稱為「耳道」，直到它抵達薄薄的「耳膜」，耳膜就像鼓上緊繃的鼓皮。不過敲擊耳膜的並不是鼓棒，而是耳朵收集來的聲音。

接下來，聲音會被放大，這需要三個看起來像我們上肢的細小骨頭。其中一個骨頭看起來像手，它跟耳膜接觸，並隨著耳膜一起振動。另外兩個骨頭就像手臂，振動的幅度比手更大，如此一來，聲音所帶來的振動就被放大了。這些放大聲音的骨頭稱為「錘骨」、「砧骨」和「鐙骨」，合稱「三小聽骨」，不過實在像極了手掌、手臂和肩膀。

鐙骨和另一個稱為「卵圓窗」的薄膜靠在一起。因此，耳膜的振

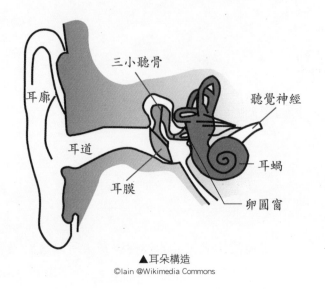

▲耳朵構造
©Iain @Wikimedia Commons

動會透過三個骨頭傳導到卵圓窗。卵圓窗是一間房子的窗戶，這間房子的形狀像蝸牛殼，因此稱為「耳蝸」，耳蝸的英文「Cochlea」在希臘文是蝸牛的意思。

　　耳朵整體分成三個部分：外耳、中耳和內耳。外耳的部分包含你所看見的耳廓，以及耳膜之外的耳道。內耳的部分是耳蝸，而中耳就是介於耳膜和卵圓窗之間的區域，即三小聽骨的所在。耳蝸就像頭，用延伸出去的肩膀、手臂和手（即三小聽骨）去觸摸耳膜，所以好像是耳蝸用「手」在聽耳膜的振動，這就是我們聽的方式。

　　耳中的耳蝸受到周圍堅硬的骨頭保護，耳蝸才是真正的耳朵，聽覺就是在那裡產生的。在那之外的外耳、耳道和三小聽骨負責準備

接收聲音。這跟眼睛一樣，影像是在眼球後方的視網膜產生，在那之外的角膜、虹膜、瞳孔、水晶體和玻璃體，都是在為視網膜產生影像之前做準備。視網膜跟耳蝸一樣，位在深處被保護著。

處理好外頭的光和聲音之後再讓它們進入視網膜和耳蝸，而不是以原本的形式直接進入體內，是很重要的一件事。即使是一小塊麵包，都不能直接進入我們的血液和肌肉，而是要經過胃和腸的處理，腸絨毛才能讓它通過腸壁、進入血液。還有，我們呼吸的空氣也是經過鼻子的過濾後才抵達肺部。

神經系統甚至比消化或循環系統更謹慎。外界的光只有經過層層處理才能越過視網膜，並產生視覺；外界的聲音也只有通過重重關卡才能進入耳蝸，並產生聽覺。

我們的頭像是國王的城堡，只有高官顯貴才能進入城堡覲見國王。國王受到城堡的保護，對於城堡外的活動和日常一無所知。在現實裡我們可不能像這位驕傲的國王一樣，但我們的頭腦卻需要以這種方式運作，我們才能思考或了解外面的世界。

手是向外施展意志的管道，因此需要直接接觸外面的世界，但頭腦只需要處理過的資訊。若光線和聲音可以長驅直入，頭腦便會無力招架、無法思考。巨大的爆炸聲響可能會把人給震暈，所以，先處理外界的光與聲音，再讓它們進入視網膜和耳蝸，著實是一種智慧。

聲音進入耳蝸之後呢？耳膜的振動被三小聽骨放大後抵達卵圓

耳朵裡的三小聽骨就像一隻手，
耳朵的手觸摸著耳膜，便是我們聽聲音的方式。

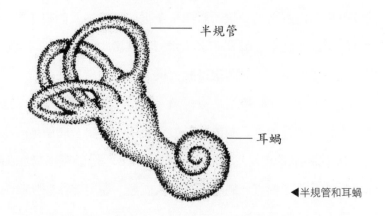

半規管

耳蝸

◀半規管和耳蝸

窗，卵圓窗是一層膜薄，像是耳蝸對外的窗戶。耳蝸裡面充滿液
體，其中的原因可是大有學問。

　　你在海邊或去游泳時，也許曾發現水傳導聲音的效果比空氣好。
水的振動比空氣強烈，因此振動的卵圓窗會讓耳蝸內的液體隨著來
自耳膜的聲音振動。

　　令人驚奇的是，耳蝸內竟然有許多長短不一的細毛，具有高達數
百種不同的長度。這些細小的短毛就像弦，不同長度的毛有不同的
共振頻率：短的毛會和高的音調共振，長的毛會和低的音調共振。
我們聽到的每一個聲音都會使許多細毛一起和諧振動，聽覺神經便
從耳蝸把細毛的訊息帶往大腦。因此，蝸牛殼裡有一個由上千條細
小的弦所組成的交響樂團，這就是我們真正的耳朵。

　　中耳有一條通往喉嚨的「耳咽管」，當外界的壓力改變，像是登

山或是天氣改變時，你會感覺到耳朵裡有一股聲音，因為耳咽管會讓空氣進入中耳，以確保耳內的壓力跟外界一樣。耳咽管也可以平衡壓力，例如士兵發射砲彈時會張開嘴，這是為了讓爆炸聲的振動可以從耳朵和耳咽管兩條路徑抵達耳膜，因此兩邊的巨大壓力可以相互平衡，使耳膜不至於破裂。

耳朵裡的奧祕還不止這樣。耳蝸上方具有外型奇怪的圓形管子，或者說是半圓形的管子，稱為「半規管」，這是極為重要的構造。這三個管道彼此相互垂直，裡面充滿液體以及一些微小的毛，不過這不是用來產生聽覺的。身體往前後左右傾斜時，半規管裡的液體會跟著流動，裡面的細毛會偵測到動作改變，你就可以知道自己的姿勢、可以直立的走路，甚至閉上眼睛也能保持平衡。

如果半規管受到任何損傷，我們就無法站立或行走。如果你快速的旋轉好幾圈後突然停下來，由於半規管裡的液體尚未靜止，你會有天旋地轉的感覺。酒喝多的時候平衡感也會無法正常的運作，因此喝醉的人走路便搖搖晃晃的。半規管跟胃也有關係，當你在海象不佳時乘船，半規管裡的液體會像外面的海浪一樣波濤洶湧，讓你產生頭暈想吐的感覺，這就是暈船。

這三個半規管賦予我們平衡感，讓我們能騎單車、走路和站立。小嬰孩開始學走路的時候，也是在學習適應半規管的指引，因此我們的平衡感來自耳朵的半規管。

耳多裡的半規管賦予我們平衡感，
若受到傷害，我們便無法站立或行走。

Chapter 31

感覺器官與平衡感
靈魂感受世界的管道

我們在前面了解到，同時用兩隻眼睛觀看（即「雙眼視覺」）會產生三個維度的立體景象，而兩隻眼睛各別產生的影像則會有一點點的差異。什麼是三個維度呢？以幾何的角度來說，一個點並不具有維度，你用鉛筆和粉筆所畫的一個點，其實只是用來表示點的一個符號，並非真的是一個點。當一個點移動，就形成了一條線，這就是一個維度，也就是長度。當一條線移動，它所經過的路徑會形成一個長方形。長方形、正方形和圓形都具有兩個維度，即長度和寬度。當一個正方形移動，它所經過的路徑會形成立方體，具有長、寬、高三個維度。

我們所見的這個世界具有三個維度，不多也不少。一個維度的線條或兩個維度的方形並不獨立存在，它們只是三維物體的一部分，而一個物體的維度並不會超過三個。

這就是幾何學裡所謂的三個維度，可以幫助我們理解一些事情。

我們的身體會做三個維度的移動：前、後是第一個維度，左、右是第二個維度，上、下則是第三個維度。這些是我們生活裡的三個維度。我們還在學習走路的時候，並沒有用頭腦來學習這三個維度，而是直接用身體去感受它們。正因為我們從小就在這三個維度當中移動，日後才能以幾何學的角度來思考和討論這件事。

我們也學到，因為有耳蝸上方的三個半規管，我們才能學會走路。如同眼睛是視覺器官、耳朵是聽覺器官，半規管則是我們的平衡器官。神奇的是，這三個半圓形的管道彼此互成直角，一個負責前後移動、一個負責左右移動，另一個則負責上下移動。

三個維度其實已經內建在我們的身體裡面，出生的時候就存在內耳之中。在我們學習幾何的三個維度和體積的時候，學習的就是存在我們體內、我們也親身感受過的東西。

讓我們來比較一下幾種感官。眼睛接觸的範圍最廣，是能帶我們到最遠處的感官，讓我們看見遠在天際的星星。相較之下，耳朵能聽見的範圍就小太多了，再大的爆炸聲若超過數百公里之外，我們也聽不見。嗅覺的範圍又更小了，剛割完大片草地的濃烈味道，若距離超過兩、三公里，我們便聞不到。若要產生觸覺，只有在你身旁、手能摸到的範圍之內的東西，我們才能知道它是細緻或粗糙。我們感覺溫度的範圍也不大，皮膚得要接觸到空氣才能判斷冷熱。至於味覺，就必須把東西放進嘴巴了。

味覺是很有趣的，整個嘴巴裡面只有舌頭能嘗出味道。舌頭上方

出生時，我們的內耳早已具備三個維度，
「半規管」便是平衡我們在三個維度移動的器官。

145

粗糙的表面布滿了味蕾，能夠分辨不同的味道，而舌頭下方的表面並不具有味覺的功能。

更複雜的是，只有舌尖的味蕾才能嘗出甜味，若把一塊方糖放在舌頭後方，你會嘗不到任何味道，只有舌尖會對甜味有反應。舌頭的兩側負責品嘗酸味，後方負責品嘗苦味，而鹹味的味蕾則是散布在整個舌面上。

某方面來說，味蕾有點像耳蝸裡的細毛。在耳蝸內，特定的細毛只會隨著特定的音頻振動，也就是有它固定的音調。同樣的道理，舌頭的不同部位只會對特定的味道有反應。人只能分辨出四種不同的味道：甜、酸、鹹、苦，其他動物可能可以分辨出更多味道。例如牛，我們可能覺得一直吃草很無趣，但對牛來說，河岸邊的草跟山坡上的草嘗起來不太一樣。但有件事情無論對牛、狗、貓或人都是一樣的：我們只能嘗出液體或是溶在嘴裡的食物的味道。任何無法溶解的東西，像是石頭，對我們來說一點味道也沒有。品嘗味道是消化作用的開端，味道讓食物進入我們的身體，而只有液體能進入我們體內。

若比較各種感官，感知範圍從最遠的外太空（視覺）逐漸縮小到我們的體內（味覺）。接著是平衡感，半規管可以告訴我們身體的姿勢和運動。平衡感所感受的對象是自己，而不是外在世界。我們也有其他用來感受身體狀況的感官，像是我們可以感覺自己的身心是否平衡健康。有時候我們也許還沒有生病，但卻感覺不太舒服，

也有時候我們感覺充滿光彩與活力，這也是一種對身體而非外界的感官。因此，我們具有多種感官，而不止有常見的那五種。

我們可能認為眼睛會自動運作，進行觀看事物所需的工作，或是皮膚下的神經會自動告訴我們東西的冷熱、軟硬或是質地。我們可能認為這裡面有某種自動運作的機制，但並不是這樣。

舉例來說，海倫·凱勒（Helen Keller）看不見也聽不到，但她憑著意志發展出了極為精巧的觸覺，她把手指放在一位著名歌手的脣邊，就可以愉快的欣賞他的演唱。她的觸覺並非天生就這麼敏銳，這是練習的成果。此外，失明的人通常也會發展出比一般人更敏銳的聽覺。

這說明了人的靈魂存在於感官之中，甚至能夠加強它們。感官不是死板的機制，而是有靈魂運作在其中，甚至可以更進一步發展和加強。當然，感官也會衰弱，若靈魂對聽覺和視覺藝術沒有絲毫的喜愛之情，眼睛和耳朵會逐漸麻木，無法體會世界的美和精微之處。因此，靈魂可以說是居住在感官之中，並像老師在教導學生那樣的教導感官。

靈魂存在於感官之中，
因此，感官可以進一步發展或加強。

Chapter 32

腦

靈魂存放知識的筆記本

年幼時的一場大病讓海倫‧凱勒失去了探索世界最重要的視覺和聽覺，她的世界頓時成了黑暗又無聲的牢籠。後來，一位偉大的老師——安‧蘇利文（Anne Sullivan）出現了。雖然無法賦予海倫新的眼睛和耳朵，蘇利文老師卻為她開啟另一條認識世界的道路——思考。利用海倫的觸覺，蘇利文老師在她的手心拼寫字詞，更重要的是，這些字啟發海倫思考。有了思考，世界便再度對她敞開大門。

透過感官和思考，我們得以認識這個世界。感官告訴我們有白天和黑夜、太陽會升起和落下。但我們必須利用思考來記得幾個月前的白天比現在長、夜晚比現在短，由於這樣的思考和記憶，我們才知道一年當中季節變化的規律。我們的知識來自感官和思考。

感覺器官和連結它們跟大腦的神經可以告訴你現在是白天還是黑夜，但無法告訴你明天太陽是否依然會升起。要知道這個答案，必

須使用大腦來思考。大腦和感覺器官，以及連結兩者的神經，都屬於神經系統，這是我們了解世界的管道。

消化系統帶給我們活動所需的熱和能量，但無法幫助我們了解世界，這樣只能算是盲目又不知所以的活動。神經系統正好相反，它動也不動。如果沒有消化系統提供的熱與能量，神經系統就無法驅使肌肉

©PublicDomainPictures @Wikimedia Commons

▲年幼的海倫‧凱勒與老師安‧蘇利文

活動，但神經系統卻可以讓我們了解這個世界。節律系統則居於兩個極端之間，讓消化和神經系統可以協調的運作。

我們了解到感覺器官是靈魂認識世界的途徑之一，現在要來探討頭腦，它是神經系統中靈魂用來思考和記憶的部分。事實上，思考就從記憶開始，你要先記得學習到的字，才能用它來造句，也要記得夏天的白天和黑夜是什麼樣子，才能思考一年之中的規律。

要了解記憶，就讓我們先回想視覺的後像。當你注視一個紅色方塊，再將視線移到空白的地方，你會「看見」一個綠色的方塊。但這個綠色的方塊並不是真的，而是眼睛注視紅色方塊之後所產生的影像。如果在黑板上畫一個十字給你看，然後將它擦掉，你依然可

大腦是靈魂感受及思考的部位，
透過感官及思考，我們便能認識這個世界。

以在腦海裡看見它。這是你的記憶影像，也是一種後像，不過顏色跟原本的畫面一樣。但它也只是個影像，並不真實存在。

大腦產生的記憶影像跟眼睛產生的後像不同，即使跟原本的畫面相隔了好幾年，你還是可以隨時叫出記憶影像。此外，後像幾乎是自動產生的，而大腦所產生的記憶影像則不是。

你可能曾上課不專心，心思在別的地方。你的身體在這，老師說話的聲音傳到耳朵、進入耳蝸，神經再把訊息帶到大腦，但因為靈魂並不專注，你便不會記得老師說了什麼，也無法形成記憶影像。記憶影像並不是由大腦產生，而是靈魂利用大腦產生的。

靈魂可以說是把大腦當成一種筆記本。你的課堂筆記若有缺漏，你會責怪自己而不是筆記本，筆記寫得好或不好都取決於你。而大腦，儘管比筆記本更複雜又強大，如何使用依然由靈魂決定。一個人之所以聰明並不是因為他的腦袋比較大，而是因為他的靈魂把頭腦發揮得更好。

靈魂甚至可以克服腦部損傷所帶來的困難。舉例來說，運送血液到腦部的血管有可能破裂，身體任何一處的血管破裂都不如在腦部來得嚴重，因為當腦部有任何一處缺乏血液供應，只要幾分鐘，缺血的部位就會死亡、無法修復。腦部的血管破裂稱為「中風」。

左腦顳葉下方的一個小區塊，存有如何說話的記憶。若因為中風的關係造成損傷，人就無法說話。在這樣的狀況下，人還是可以理解別人所說的話，只是自己無法說話。不過，還是有很多人花上數

個月至數年，長時間耐心的練習又再度學會了說話，在他們學會之後，大腦的其他地方又會形成新的區塊來存放說話的記憶。

因此，靈魂是頭腦的主人。若運用意志力和耐心，大腦是可以被改變的，也可以建立新的區塊來執行所需的功能。發展出新區塊的並不是大腦本身，而是由靈魂所驅動的。

從中風的例子還可以學到其他事情。胃不會中風，即使有小血管破裂也不會造成太嚴重的傷害。胃也可以進行手術，甚至切除一半的胃，剩下的一半會漸漸癒合、繼續工作，雖然功能不會像以前那麼好，但病人還是可以正常的飲食。但同樣的事情可不能對大腦做，若手術切除一小塊腦，它就從此消失了，不會像胃那樣癒合。身體長出被切除掉的部位稱為「再生」，腦幾乎沒有再生能力。

腦是身體中最靜止不動、看起來最缺乏活力的部分，它需要靠血液維持運作，否則幾分鐘之內就會死亡。正因如此，靈魂才能用它來了解世界。胃可以提供你很實際的東西，也就是養分，但它無法讓你認識世界。腦則相反，它像一面沒有生命的鏡子，提供你世界的影像，而靈魂則透過這些影像來探索世界、探討過去並規劃未來。這就是腦最重要的特性：我們把知識的力量存放在身體最安靜的地方。

大腦就像靈魂的筆記本，
聰明與否並不取決於腦袋大小，而是靈魂如何發揮。

Chapter 33

中樞神經與自律神經
累積的智慧與天生的智慧

保護腦部的頭骨是全身最硬的骨頭，但腦部本身卻很柔軟。腦具有左右兩個部分，但彼此相連。腦的形狀類似球形並具有皺摺，看起來像是胡桃仁，有趣的是，每個人的皺摺都不一樣。我們剛出生的時候，腦部的皺摺很淺，每個人的腦也長得很像，但當我們長大，越來越常使用腦部，皺折就越來越深，數量也會增加，連皺摺內也會有皺摺。每個人都用不同的方式使用頭腦，像是藝術家、科學家或工程師，他們用腦的方式就有很大的差異，因此腦部也就會發展出不同的樣貌。

腦的各個部位都具有特定的功能。我們已經看過跟說話有關的部分，但即使在這個區塊裡面，負責母語的部分也會長得跟負責外語的部分不一樣。有些中風的人會失去母語能力，但還是會講他所學過的語言。除此之外，腦也有負責視覺和聽覺的區塊。若是負責肢體運動的區塊受損，四肢就很可能會癱瘓。

還有另一件有趣的事：腦在頭骨內是呈現漂浮的狀態。腦的周圍充滿了水，也就是「腦脊髓液」，其中有很重要的原因。我們知道腦需要微血管來供給營養，如果腦是「坐」在頭骨內，它的重量就會擠壓到下方的血管，阻礙血流。如同身體在水中的重量比較輕，浮在腦脊髓液中的腦也會比較輕，這樣就不會壓迫到輸送養分、腦部賴以生存的血管。

　　我們用雙腳穩穩的站在地上，但腦部卻漂浮著。也就是說，勞動是肌肉和消化系統的工作，腦部則免於勞動，並且被液體乘載著，幾乎感受不到自己的重量。

　　頭腦的功能並不是勞動，而是作為一面鏡子，為心靈忠實的呈現出世界的樣子。無論你多麼努力的思考，腦都不會移動，也不會像心臟或胃那樣收縮舒張，但腦在你回想或思考的時候的確會產生一些現象——有微量的電流通過，這可以用一閃而過的閃電來形容。這些微電流或微閃電需要用很精密的儀器才偵測得到。

　　當我們思考的時候，腦中還會生成微小的晶體，像是很細很細的鹽粒或是沙子，而這對腦來說是一種負擔。因此當我們睡覺的時候，血液便會將這些晶體溶解。

　　也就是說，腦思考時不會移動，但腦中依然有電流和化學反應。靈魂透過電流和化學反應在腦中運作，讓它產生記憶和思考。

　　神經系統以腦為中樞，而系統裡還有另一個重要的角色。我們的脊柱並不全然都是骨頭，每個脊椎骨中間都有個空洞，當彼此堆疊

頭腦不需要勞動，而是要作為一面鏡子，
為心靈忠實呈現世界的樣貌。

▲腦與脊髓的側面

在一起，空洞就形成一條具有彈性的管道，管道裡便是我們所稱的「脊髓」，裡面具有神經束。每一節脊椎都會有延伸出去的神經，通往身體每個角落。脊髓位於腦下方到大約腰部的位置，並不如整個脊椎那麼長。大腦可以得知大拇趾的狀況，因為有神經從腦部經過脊髓和腿，連接到腳趾。

人體的反射由脊髓掌管，不需要腦部參與。當你不小心碰到很燙的鍋子，腦的反應會是：「好燙啊，好痛！」但在腦發現鍋子很燙之前，脊髓早已用閃電般的速度發出訊號：「燙！危險！移開！」如果你曾經在無意之中摸到很燙的東西，你就會發現自己在意識到很燙之前就把手移開了。

這裡有幾個反射的例子。像是當你第一次學騎腳踏車，腦會告訴你：「往左倒了，快修正……往右倒了，快修正。」你便一路搖搖晃晃的騎，過程中可能會摔倒幾次。但幾天之後，你的脊髓就學會了這項技能，不經思考就可以保持平衡。當然你還是需要用頭腦來思考該往哪騎，以及幫助你在狗衝出時趕緊煞車。

學習樂器也是一樣。當你每天練習直到熟練時，你便可以「反射

式的」彈奏，不用每彈一個音就思考「接下來我要把中指移到某某位置」。這時頭腦就能專注在美化演奏的方式了。

運動對健康有益，無論是健走或游泳都可以讓肌肉保持彈性與力量。同樣的道理，學習新技能就是在讓腦和脊髓運動。若想要在年老時依然讓腦與脊髓靈活運作，就必須讓它們運動，而學習就是一種可以持續終生的運動。

腦與脊髓合稱「中樞神經系統」。而神經系統裡還有另一個部分，稱為「自律神經系統」，它也有一個中樞，有點像我們的第二個腦，從腦的底部直達脊柱末端。

從眼睛、耳朵、鼻子、舌頭和皮膚通往大腦的神經可以傳遞來自外界的訊息，而在脊髓內通往自律神經系統的神經，傳遞的則是身體裡的訊息。想像一下身體裡各個器官該如何協力運作：肝、腎、胃、心和肺等，必須在對的時間點發揮功能，否則身體會亂成一團。「腦」知道這些器官該在何時發揮何種功能，但這並不是頭裡面的那個腦，而是脊柱裡的自律神經系統中樞。因此，我們每個人大腦裡的記憶都不一樣，但脊柱裡的記憶卻是相同的。大腦的記憶是從我們出生後開始形成，但是自律神經的記憶在我們出生時就存在了。剛出生時我們的大腦什麼都不知道，但會在人生中不斷的學習。脊椎裡的腦早就知道所需的一切，但卻不會再學習新的東西。在我們剛出生時，中樞神經系統就像一本空白的書，而自律神經系統則像一本已經寫好的書，無法再增加新的內容。

中樞神經系統負責傳遞來自外界的訊息，
自律神經系統負責傳遞體內各個器官的訊息。

我們需要這兩種智慧——我們需要自己累積智慧，存放在大腦中；也需要脊柱裡這份禮物般的智慧，用來引領和保護自己。這兩種智慧的不同之處就是，透過大腦學習是我們有意識的在累積知識，但另一種智慧的運作則不在我們的意識之中。

神經系統由腦、脊髓、神經和感覺器官所組成。靈魂能透過神經系統了解世界以及自己的身體。這些了解能夠引導、提醒和幫助我們，讓我們能夠思考和探索世界。

消化系統的肌肉和腸胃並不會形成影像或知識，但它們有實際的行動，會對物體產生作用、造成改變，這就是意志的發揮。

節律系統是療癒者，在另外兩大系統之間，讓我們感受情緒，我們因此可以愛、恨、傷心、快樂，抱持希望或是恐懼。我們是具有三重性質的生命：靈魂能夠思考、感受和發揮意志，身體具有神經、節律和消化系統。這三大系統在我們體內以均衡協調的方式不斷運作。

Chapter 34

人類三元性的代表動物

思考、感受與勇氣的象徵：
老鷹、牛、獅子

我們的神經系統是身體活動最少的部分，而且每天都會耗損一些，但是血液和消化系統讓它能夠繼續存活。腦被血液所滋養，營養來源當然是消化系統，它是三個系統中最活躍的。

經過七年的時間，身體裡所有物質，即使是骨頭，也都汰舊換新了一輪。鈣是骨頭的主要成分之一，若沒有從飲食中攝取足夠的鈣，骨頭就會變得單薄易碎。身體會把既有的鈣移除，並以新的鈣取代。透過消化系統不斷供應養分，我們每七年就能擁有一個新的身體，或說每七年就會有新的身體「誕生」。

生命的開頭是出生，盡頭則是死亡。出生和死亡都是重要的時刻，但在兩者之間也有小小的新生和小小的死亡。每一天，神經與腦部的耗損和結晶都會讓我們死去一點點，但消化系統所吸收的養分也會讓我們重生一點點。如果只有促進生長的消化系統，我們會一直沉睡，無法思考也無從清醒。是這個不斷死亡的神經系統讓我

們具有清醒的意識，於是產生思考。

消化系統每天都會賦予我們小小的新生，建造一點新的身體。因此新生命從消化系統中發育也就一點都不奇怪了，母親的第三個腔室就是未出生的胎兒成長的地方。

透過消化系統，我們得以來到這個世界；透過神經系統，我們又離開了世界。當我們思考，也就是運用神經系統，我們與世界的距離就增加一些，死亡則是真正的離開。當我們運用意志，也就是消化系統，我們與世界的距離就拉近了一些，如同出生到這個世界。而負責感受的節律系統則讓兩者取得了平衡。

自然界有些生物不以地表為家，而總是待在高處。像是鳥類會在地上跳啊跳，在高處飛行翱翔時則感到更自在。古埃及的祭司看見天上的老鷹，認為這是思考的象徵，翅膀則代表思考的力量。後來，畫家在天使身上畫出一對翅膀，這不是因為天使需要鳥類的翅膀，而是因為天使具有思想的力量，讓他們得以離開這個世界。

跟其他動物比起來，老鷹的消化系統比較弱。事實上，所有的鳥類都是如此。鳥類的腸子很短，消化食物的速度也快，不會吸收食物裡所有營養。所以牠們的食量很大，並且總是在尋找食物。

古埃及祭司也曾提及具有強大消化系統的動物，牠們的消化系統甚至比人還要好，那就是反芻動物，例如牛、羊和鹿。當牠們已經很飽、肚子充滿食物，就會把吃下肚的草帶回嘴裡，再次進行徹底的咀嚼，這就是「反芻」。之後，反芻過的食物會再進入其他的

©PublicDomainPictures @pxHere

©ilyessuti @pixabay

▲象徵感受的「牛」

©Michael Siebert @pixabay

▲象徵思考的「老鷹」
▶象徵勇氣的「獅子」

胃。由於食物被消化得非常徹底,牛的糞便跟其他動物不太一樣,反而具有淡淡的香味。這個消化系統工作得細膩又徹底,榨取出每一口青草的營養,因此牛是又大又重的陸生動物。牛不像老鷹喜歡飛上天際,牠的天性和老鷹完全相反。

埃及祭司也描述過具有發育精良節律系統的第三類動物。貓科動物就屬於這一類,老虎、獅子和豹就在其中。獅子的心臟、整個呼吸和血液循環系統都相當強健,是動物當中最有力的。獅子不但具

透過消化系統,我們得以來到世界;

透過神經系統,我們又稍微離開了世界。

159

有強健的心臟，也有心臟所象徵的精神：勇氣。這也就是英勇的國王理查一世被尊稱為「獅心王」（Richard the Lionheart）的原因。

　　埃及祭司說老鷹、獅子和牛代表神經、節律和消化系統，對應到的就是思考、感受和意志。如果這三種動物可以被拼湊在一起，彼此平衡協調，那就是人了。因此你可以在埃及的畫作或雕像中看見一種生物，具有人的頭、老鷹的翅膀、獅子的身體，以及牛的四肢。這個由人、老鷹、獅子和牛所組成的雕像就稱為「人面獅身像」。

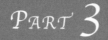

PART 3

骨骼與肌肉：
解剖學

骨頭被視為死亡的象徵，骨頭中的血液卻代表
著生命，在象徵死亡的骨頭中，新的生命誕生
了，並不斷製造富含生命力的新鮮血液，這便
是人體的奧祕之一。向身體的奧祕學習，我們
便會看見生命如何從死亡中誕生。

Chapter 35

骨骼與鈣

生命的來源與死亡的象徵

海洋蓄積著動物賴以生存的水，蘊藏量是世界之最。科學家認為海洋不僅是生命所需，也是生命起源之地，這種觀點其來有自。舉例來說，一隻雞具有心、肺、肌肉、骨頭和羽毛，是個組成相當複雜的生物，但這隻雞最初只是一顆蛋。其他高等動物和人也是一樣，最初都來自母親體內的卵。而海裡有一種變形蟲，終其一生都漂在海裡，呈現類似蛋白的團塊狀。科學家認為我們發育的過程中，會在很短的時間內走過生命歷經了數百萬年的所有階段，正是因為所有生命最初都源自海洋。

　　身體有三分之二是水，並且是帶有鹽分的水，這彷彿又告訴我們生命是來自海洋。我們已經離開海洋，生活在陸地上，但在我們體內，血液中還是存有一點海的遺跡。身體裡的液體和固體成分很不一樣，在第25章〈血液與食物液的循環〉與第26章〈血液的作用〉我們看過血液的神奇功能，它把氧氣輸送到全身並把二氧化碳帶回

肺，它也從腸子輸送食物到身體各處、讓傷口和膿瘡癒合，它還能產生抗體對付病菌。這些都清楚說明了是血液維繫了我們的生存。我們的生命力就存在身體的液體之中，也就是血液。

植物也是如此，以樹為例子，它的生命力在樹的汁液中，從根部上升到每一個枝頭和每一片葉子。冬天時樹汁幾乎不再上升，樹便暫時像是死了，堅硬的木材和樹皮並不具有自己的生命，它們需要樹汁來注入生命。類似的道理，人體堅硬的骨頭也沒有生命，是血液維繫了它的生存。這就是身體的固體和液體之間最大的差異，也是血液與骨頭的差異。我們體內的液體具有生命力，相較之下，固體則是死的。

比起血液，骨頭是死的，因此骨頭或骨骸也被視為死亡的象徵。裝有毒藥的罐子都會標有一個骷髏頭和兩根交叉的骨頭，用來警示內容物可能致死。海盜也會掛上相同圖像的海盜旗，表明落入他們手裡的人都無法活著離開。在中世紀，曾有畫家畫出骷髏頭領著國王、主教和騎士，離開他們的皇冠、宮殿和城堡，為的是提醒世人不要過於執著世間的榮華富貴，因為死去時什麼也帶不走；人應該要追求精神上的寶藏——善良、誠實和智慧，這些才是死後依然會與靈魂相伴的東西。這些畫家也將骨頭視為死亡的象徵。

那個時代也出現了一些近代科學家，在物理和化學領域進行研究。他們被稱為「鍊金術士」，具有一些我們在生理學章節也提過的知識。血液在體內並不是一成不變，而是不斷汰舊換新的，骨頭

骨頭是體內沒有生命的部分，
而血液不但具有生命力，還維繫了骨頭的生存。

163

是製造新鮮血液的地方。骨頭是中空的，具有骨髓，充滿生命力的新鮮血液就是由骨髓所製造。

在被認為象徵死亡的骨頭裡面，新的生命生成了，並不斷製造出富含生命力的新鮮血液，這實在是人體的奧祕之一。那些鍊金術士了解這一點，並把它以拉丁文寫成一段話：

「看看那只剩骨頭的人，那就是死亡；
但往骨頭裡看去，那可以喚醒生命。」

這段話的真正意涵是：「它存在身體裡，也存在每個地方。死亡並不是盡頭，而是新生的開始。向身體的奧祕學習，生命將從死亡中誕生。」

這段話說出了骨頭與血液的運作道理。血液隨時都在滋養骨頭，讓骨頭汰舊換新。骨頭不斷的釋放出鈣，而血液中來自食物的鈣也補足骨頭，若食物中攝取的鈣不夠，骨頭就會變薄、變弱。我們的鈣質來源多是乳製品，例如牛奶、乳酪和優格，綠色蔬菜和麵包也含有鈣質，嬰兒與孩童需要乳品來促進骨骼生長。血液會輸送鈣質，讓骨頭不斷汰舊換新，但骨頭也會讓血液汰舊換新，因為骨頭會不斷的製造新血。

鈣是打造世界的功臣。珊瑚利用海水中的鈣產生各種形態的巨大珊瑚礁；牡蠣等的貝類生物利用鈣建造牠們的殼；貝殼裡的珍珠母

骨頭：死亡

血液：生命

▲血液與骨頭就像兩個極端，讓彼此重生。

和珍珠本身也具有鈣；蛋殼也是由鈣所組成；石灰石山脈的形成也來自數百萬年前的含鈣海洋生物。人們利用鈣製造生石灰，再與沙混合製成水泥和混凝土。鈣是各種建設不可缺少的材料。

鈣也組成了我們的骨頭。組成我們固態身體的成分，就跟石灰石山、珊瑚礁、貝殼、寶貴的珍珠項鍊、希臘神殿的白色大理石和雕像的成分一樣。

雖然骨頭象徵著死亡，骨頭中的血液卻是生命的起源；
因此死亡不是盡頭，而是新生命的開始。

165

Chapter 36

骨骼的構造
精美、準確的極致工藝

當我們比較血液與骨頭，並探討兩者的流動性與生命力的同時，可別忘了，若沒有骨頭，我們會成為不具固定形狀、身體柔軟，且只能生活在海裡的生物。為了在陸地上生活，我們必須在體內發展出一定的硬度和力量來製造骨頭。

但在生命初期，我們還相當柔軟。母親子宮裡的胚胎一開始是很柔軟的，部分的身體會漸漸開始硬化，形成「軟骨」。這些不太硬的軟骨是非常重要的組織，因為即使我們長大，身體某些部位依然是軟骨。耳朵就是軟骨，硬骨形成後也需要與軟骨連結。

胚胎裡的骨頭一開始都是既柔軟又有彈性的軟骨。嬰兒出生時骨頭已經變得比較硬，但尚未完全硬化，我們從頭骨就可以知道新生兒的骨頭究竟多軟。大約在出生一年半後骨頭才會完全硬化，這也剛好是幼兒開始能夠站立和行走的時候。在那之前，柔軟的骨頭還不足以支撐身體的重量，因此嬰兒需要大量乳品來攝取鈣質，幫助

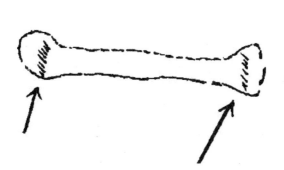

▲肱骨主要的生長點位在兩端

骨頭生長。

　　骨頭除了變硬之外，也會長大，這是個複雜的過程。骨頭會越來越長、越來越厚，但整體是長形的。在你15歲的時候，上臂的肱骨長度大約是剛出生時的三倍，但厚度則不到三倍。骨頭會生長是因為血液帶給它鈣質，但身體怎麼知道哪裡需要補充新的鈣呢？還有另一個問題：身體怎麼知道四肢的骨頭比頭骨更需要鈣呢？當上臂的肱骨在十五年內長了三倍，頭骨成長的幅度卻很小。

　　肱骨的生長實在令人驚奇。它的兩端各有一個軟骨區，長成硬骨的速度不像其他地方那麼快，這就是骨頭生長變長的位置。

　　成長過程中，整個骨頭的形狀和組成都會改變。大約要到25歲我們的骨頭才會發育完全，期間它不只是單純的長大，也會有局部的破壞和重組，不過這並不妨礙我們使用骨頭。我們無法在機器運轉時更換零件，但血液的智慧卻可以在不知不覺間做到這點。

　　打造骨頭的智慧是一個工程大師，在人類工程師慢慢的累積知識

　　骨頭變硬、長大的過程需要經過局部破壞與重組，血液的智慧能夠在不知不覺間打造發育完全的骨頭。

167

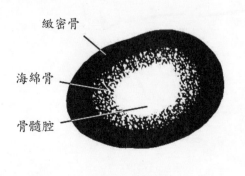

緻密骨

海綿骨

骨髓腔

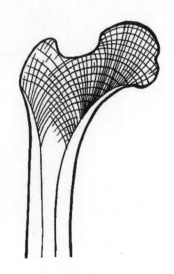

▲骨頭的橫切面，呈現出三種構造。

▶人體骨頭內部的海綿骨結構（沃爾夫繪，Wolff）

前就已經熟知某種法則。古希臘和羅馬人利用巨大的石柱來支撐神殿，而現代工程師使用的則是中空的管柱，比石柱更薄也更輕巧。我們四肢的骨頭也是中空的管柱，若是實心的，那可會沉重得不得了。這說明了早在幾百萬年前，當我們還不具有這種知識時，打造骨頭的智慧就已經懂得中空管柱的原理。

現在我們回到管柱本身來仔細看看骨頭的材質。若你仔細觀察一座古老的鐵橋，你會看到許多相互交叉的構造，稱為「拉桿」和「支桿」。它們能用來分擔重量，讓橋的結構更加穩固。如果把這種構造和實心的橋或起重機相比，後者不僅相當沉重，所能承載的

重量也比較少。不過，要設計出橋梁或起重機的梁架結構，需要具備一定的數學知識。

　　骨頭內部就具有無數的微型拉桿和支桿，它們排列之精美，大概沒有任何工程專家能出其右。因此，我們的骨頭雖然很輕，但卻可以支撐巨大的重量而不斷裂。我們四肢的骨頭裡，所有微型支桿都具有最剛好的形狀和大小，也都位在最精準的位置，如此就能以有限的材料發揮最大的力量。這樣的構造讓骨頭得以承受來自各個方向的壓力。

　　若切開骨頭、觀察它的橫切面，我們可以看到它複雜精細的構造。最外層是骨頭最堅硬緻密的部分，稱為「緻密骨」。緻密骨的內側是一層「海綿骨」，即微型拉桿和支桿的所在，當中布有微小的空隙。再往裡面就是骨頭的「骨髓腔」。

　　因此，骨頭具有三種結構：緻密骨、海綿骨與骨髓腔。緻密骨與骨髓腔像是兩個截然相反的極端，海綿骨則介於兩者之間。在此，我們又看到了三元性，也就是兩個對立面以及居中者，這是我們在人體中一次又一次不斷發現的性質。

　　骨骼的成長是一門大學問，全身每一塊骨頭都具備許多奧祕，我們現在所了解的只不過是其中的一小部分而已。

在骨頭中，我們也能看到人體的三元性，
緻密骨與骨髓腔是相反的兩極，海綿骨則介於兩者之間。

Chapter *37*

顱骨、四肢與肋骨
人體的三大類骨頭

我們從肱骨的例子學到，骨頭生長是個奇妙的過程，它的內部構造更是機械力學的極致工藝。我們也認識了骨頭的三種構造：外層的緻密骨、中間的海綿骨，以及骨頭中心的骨髓腔。緻密骨和骨髓腔幾乎是兩種相反的組成，而海綿骨則介於兩者之間，既非實心也非空心。兩極以及平衡於兩極之間的第三種形式不斷出現在人體與自然界中。

　　人體所有的骨頭可分成三大類，包含兩類截然不同的骨頭，以及平衡了兩者的第三類。我們就從組成頭顱的骨頭開始說起，也就是「顱骨」。圓頂狀的顱骨可不是單一的骨頭，而是由八塊骨頭所組成的。此外，我們的臉部還有十四塊骨頭。

　　新生兒的顱骨之間還留有空隙，在頭頂上有個顱骨間交界的區域，稱為「囟門」。若你把手指輕輕的放在囟門上，還可以感覺到血管的搏動。隨著新生兒逐漸長大，顱骨也會成長，直到彼此密合

在一起。顱骨之間的關節跟身體其他骨頭的關節有很大的差異。

如果每一塊頭骨的邊緣都是直的，萬一我們不小心跌倒，頭骨就會滑動而彼此錯開，也很可能因此傷害到腦部或是無法提供完整的包覆。為了避免這

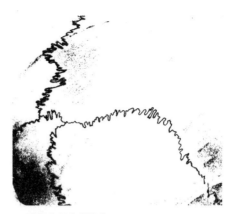

▲頭骨的鋸齒狀邊緣

種狀況，頭骨邊緣帶有鋸齒，就像鋸子的邊緣一樣。頭骨就像一片片的拼圖，拼在一起就可以固定彼此。當八塊頭骨逐漸長大，鋸齒邊緣會完美的相互咬合，合在一起就像一個完整的圓頂。

顱骨的功能不在於活動，它們所保護的腦也不會活動。腦只需要靜靜的待在顱骨這個頭盔裡面就可以發揮功能了。

但若我們的手指或手臂是像顱骨那樣相連、固定，我們會僵硬得難以活動。四肢的骨頭與顱骨不同，手指、手肘或膝蓋之所以能夠彎曲，是因為那邊的關節設計利於活動。

如果兩塊骨頭最堅硬的地方碰在一起，它們就會磨傷彼此，所以四肢的關節處都受到強韌又有彈性的軟骨所包覆。這層軟骨非常滑順，能在我們活動時預防骨頭相互摩擦。

當門板鉸鏈生鏽或運作不順時，我們會用油來潤滑以降低摩擦

顱骨的構造相連、固定，不利於活動，因為顱骨就像頭盔，負責保護靜靜待在顱骨內的腦。

171

力。同樣的道理，四肢的關節也有水狀潤滑液。我們的關節被一層特殊又堅韌的膜所包覆，裡面的潤滑液便不會流到身體其他地方。

從關節就可以看出顱骨與四肢骨頭的不同之處。顱骨關節的功能在於固定，而四肢的關節則是要確保流暢的活動。當然，顱骨與四肢骨的形狀也很不一樣，前者呈現圓形，可以拼成一個球體，後者則是長條狀。

顱骨的形狀和關節都跟四肢非常不一樣，它們一個是為了讓腦能安住其中，一個則是為了活動；一個提供了對內的保護，一個則是從內部提供支撐。除了這兩類之外，當然也有介於中間、平衡兩者的第三種骨頭，那就是「肋骨」。

肋骨是彎曲的骨頭，從身體前側的胸骨延伸到脊椎。肋骨跟胸骨之間的連結有點像是拼在一起的顱骨，不過沒有這麼堅固，因為肋骨跟胸骨是以軟骨相連。在身體背側，肋骨跟脊椎之間則是以類似四肢關節的構造相連。因此，若從關節的性質來看，前側的肋骨較像顱骨，背側的肋骨較像四肢的骨頭。

若把手放在背側最下面幾根肋骨，然後深呼吸，手會跟著移動，因為這些肋骨具有可活動的彈性，性質介於另外兩種骨頭間。

肋骨的彈性極為重要，否則我們便無法呼吸。肺臟光憑自己無法吸進空氣，呼吸時胸腔的活動就像風箱的作用。在肋骨下方，有一大片稱為「橫膈膜」的肌肉，會在肋骨利用肋間肌向外、向上升起的同時往下降，讓肺往前面和側面擴展，使空氣進入，就像擴展的

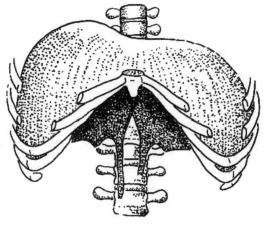

▲橫膈膜

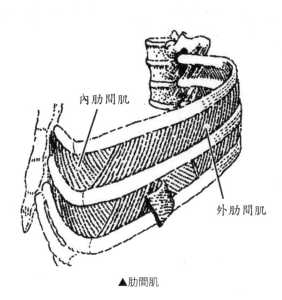

內肋間肌

外肋間肌

▲肋間肌

肋骨具有顱骨與四肢的性質，
肋骨能保護心與肺臟，又有可以活動的彈性。

風箱。接下來，橫隔膜和肋骨放鬆，回到原本的位置，空氣便被排出。橫膈與肋骨的活動促成了我們的呼吸。

就呼吸來說，肋骨的角色就像四肢的骨頭。但肋骨也形成了保護心臟和肺臟的骨架，就像保護腦的顱骨一樣。肋骨因此兼具了另外兩種骨頭的特性。

在生理學的章節我們討論到人具有三元性，以及神經、節律和消化三大系統。骨骼其實也具有三元性：顱骨保護著腦部，也就是神經系統的中樞；肋骨幫助肺呼吸，屬於節律系統；四肢的骨頭則支撐了富有肌肉的肢體。

三大類骨頭	顱骨	肋骨	四肢的骨頭
所屬系統	頭部	胸部	四肢
功能	向外保護	保護（心臟）及支撐（肋間）	從內支撐
關節功能	防止移動	可小幅活動	可自由活動
形狀	圓	彎曲	直

▲人類的三大類骨頭

Chapter 38

脊椎骨
完美相接的藝術品

還有一種骨頭尚未討論到，那就是組成脊柱的骨頭。它們是三大類骨頭當中的哪一類呢？它其實具備了每一種骨頭的特性，我們稍後就會看到。我們的頭、肋骨和四肢可說都是懸掛在脊柱上，脊柱的確是骨骼的中央主幹，也是讓我們能夠直立的關鍵。

　　如果脊柱是一條又長又直的骨頭，雖然讓我們可以站立，但卻會變得無比僵硬（試著把背打直固定，再同時活動頭部和四肢）。如果換個方式，讓脊柱跟橡膠一樣，雖然讓我們可以自由的彎曲和擺動，卻無法站立起來。

　　因此，脊柱必須具備上述兩種相反的功能——像長桿一樣支撐頭部和軀幹的重量，也要像橡膠一樣靈活的彎曲和活動。脊柱之所以能神奇的兼具兩種特性，是因為它是由很多塊骨頭所組成，而非只是一塊硬骨或橡膠。脊椎總共有三十四塊骨頭，其中有二十四塊以不可思議的方式相連在一起。

組成脊柱的骨頭稱為「脊椎骨」。相鄰的脊椎骨會與彼此完美的相接，大概沒有任何工程師或藝術家能做出比這更適合負重和活動的脊柱了。

脊椎骨之間有一層扁平的圓形軟骨，可以用來吸震，若沒有這層軟骨，身體的任何活動或步伐都會震動到大腦。因此，脊柱不只支撐了頭部，也可以保護腦部不受任何活動所帶來的衝擊和震盪所影響。若椎間的軟骨移位，它可能會壓迫到脊髓中的神經。

我們知道脊柱能夠支撐頭部和軀幹，但也可以彎曲和移動，我們也知道脊椎骨是一節一節的，並由關節相連，這不是很像四肢的骨頭嗎？因為四肢骨具有可活動的關節，也提供支撐的力量。但這只是脊柱一部分的特性而已。

我們在前面討論過，脊髓所屬的自律神經系統負責控制我們無意識的功能，例如心房和心室何時該收縮或舒張、食物何時該從胃進入腸子。脊髓中這個「第二個腦」位在脊柱當中，就像腦位於頭骨當中。如同腦有十二對神經從腦連結到眼睛或四肢，脊髓也有三十一對神經通往身體的各個器官。頭骨包圍並保護著腦，脊椎骨對脊髓也是如此。

因此，脊椎骨具有類似頭骨的功能，但也有跟四肢骨頭同樣的特性，能夠支撐、活動並具有關節。它可以是頭骨、四肢骨，稍後我們會討論到它也可以是肋骨，這究竟是如何辦到的？

讓我們來看看單一個脊椎骨。每一個脊椎骨都具有相同的形態，

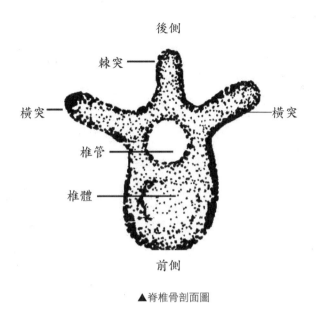

後側

棘突

橫突　　　　　　　　橫突

椎管

椎體

前側

▲脊椎骨剖面圖

可以明顯的區分出三大部分。

「椎體」是又短又厚、筆直且堅固的部分，它的外型像是短版的四肢骨頭，清楚的告訴我們它能夠支撐重量。脊椎骨間的軟骨就位在椎體之間。

脊椎骨中間的環形區域是脊髓穿過的地方，稱為「椎管」。環形的骨頭具有保護作用，當脊椎骨堆疊起來，每一個環就彼此相連，形成一個讓脊髓通過的管道。

第三個部分包含三個向外伸出的突起，兩側的稱為「橫突」，向後側突出的稱為「棘突」。這些突起的作用就像肋骨，橫突支撐肋骨，是肋骨與脊柱相連的地方。棘突就是你所摸到一節一節的骨

脊椎骨具備頭骨、四肢骨與肋骨的三種特性，
能保護脊髓、支撐重量並彼此相連。

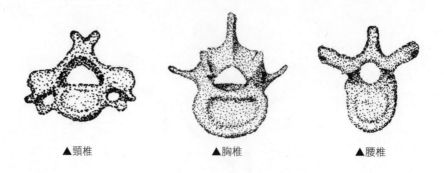

▲頸椎　　　　　　　▲胸椎　　　　　　　▲腰椎

頭。我們可以在脊椎骨看見三種性質：椎體就像四肢的骨頭，環形的部分就像頭骨，三個突起則像是不那麼完整的肋骨。

　　這就是脊椎骨大致的形態，但不同位置的脊椎骨會有些許的差異。在脊柱的上段，環形的部分較為發達，而最頂端的幾節脊椎骨，椎體和突起的構造並不明顯，幾乎是個環狀的骨頭，這部分的脊椎骨稱為「頸椎」。脊柱越往下走，類似四肢骨頭的特徵就越明顯，具有較大的椎體，容納脊髓的椎管也較小，這部分稱為「腰椎」。而脊柱的中段，椎體和椎管的大小差不多，突起也很明顯，橫突與肋骨相接，稱為「胸椎」。

　　因此，脊柱也具有三元性。上方的脊椎骨（頸椎）與頭骨較相近，構成椎管的環形部分較為發達；下方的脊椎（腰椎）與四肢的骨頭較相近，椎體較為發達；脊椎的中段（胸椎）則與肋骨較相似，具有發達的突起。

Chapter 39

脊柱

維持平衡的完美對稱

脊柱具有三種類型的脊椎骨，包含上段空腔較大的頸椎、強壯的腰椎，以及中段的胸椎。頸椎共有七節脊椎骨，第一節「寰椎骨」是最小的，與頭部相連，讓我們可以點頭活動；第二節「樞椎」具有一個小小的轉軸，我們因此可以側向的轉動頭部。下方的胸椎有十二節脊椎骨，與肋骨相接。腰椎則有五節脊椎骨，具有較大的椎體和較小的椎管，脊椎骨的突起也特別發達，因為有強壯的背肌附著於其上。

腰椎骨對人類的重要性遠勝過其他動物。以四隻腳站立的動物有四個點可以支撐重量，將身體的平衡保持得非常穩定。但人類的平衡就沒那麼穩了，我們必須設法保持平衡，讓重心高於支撐點，也就是我們的雙腳。

一個人肩膀上揹著重物時，為了讓重心落在雙腳正上方，他必須往前傾。若用手臂把東西拿在前方，那身體就得大幅往後彎來保持

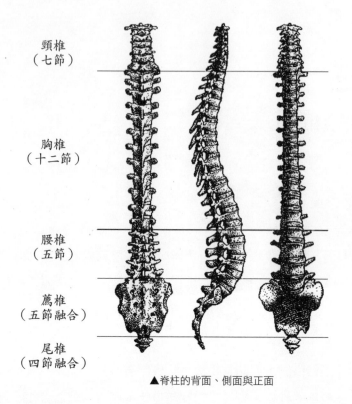

頸椎
（七節）

胸椎
（十二節）

腰椎
（五節）

薦椎
（五節融合）

尾椎
（四節融合）

▲脊柱的背面、側面與正面

平衡，這樣幾乎難以走路，因此有些人會把重物頂在頭上，這是確保重心位置的最佳方法。就算沒有負重，由於身體本身有重量，便會有所謂的重心，當我們直立站好時，重心就位在腰椎骨正上方。若我們站姿不佳，重心就會偏離，落在腸胃上方，這樣會對背部和腹部的肌肉造成負擔，還會阻礙呼吸、影響柔軟的消化器官。

　　腰椎骨之所以重要，是因為它能幫助我們站立和行走，不斷維持

▲肩上背著重物，身體必須前傾。

▲手拿重物，身體必須向後彎。

▲頭上頂著重物，重心在腰椎骨正上方。

▲站姿不佳，重心落在腸胃上方。

身體的平衡。

另一個影響平衡的重要因素是身體左右兩邊的重量要均等。我們的骨骼是左右對稱的，不過身體有些地方並不是非常對稱，例如心臟不在正中央，肝和胃也都是在身體的其中一邊。

所有具有脊柱的生物都是對稱的，包括魚、兩棲類、爬蟲類、鳥類和哺乳動物。此外，昆蟲和螃蟹也是對稱的。對稱性代表具有對稱軸，軸的兩邊具有對稱性。脊柱就是身體的對稱軸，每一個脊椎

將重心落在腰椎骨是維持身體平衡的正確站姿，
若將重心落在腸胃，則會對腹部肌肉及消化器官造成影響。

骨都具有完美的左右對稱性，整個骨骼在脊柱左右兩邊相對的位置也具有一樣的骨頭。這樣的對稱性不僅很美，也是身體保持平衡所需，讓重心落在脊柱這條中軸上，不偏向任何一邊。

除了身體的中軸對稱，我們還有另一種不完美的對稱。若比較手和腳，你會發現手指跟腳趾並不一樣，但它們之間具有相互對應的關係，手掌跟腳掌也是如此。手臂和腿彼此也是不完美的對應，好像它們本來是上下對稱的，但發生了變化。我們知道，不同位置的脊椎骨長得不一樣，但具有相同的樣式，這個道理也可以在手和腳看到。手、腳的樣式相同，但手具備了更多功能，腳也能夠乘載更多重量，這是一種變化型的對稱。只要具有相同的樣式，我們便能指出其中的對應之處。

這個道理還可以在肩部以及骨盆的骨頭中看到，這兩個區域的骨頭雖然不太一樣，但卻相互對應，具有共通的樣式。

頭部位於脊柱頂端，是由許多頭骨所形成的美麗圓頂，而與之對應的骨頭就是位於脊柱底部的「薦骨」，是由數個椎節組成的。

薦骨下方有一塊有趣的骨頭稱為「尾骨」，實在看不出來它存在的道理。對於現今的人類來說，它的確沒什麼功用，但是對某些動物來說卻很重要，像是狗。狗的薦骨就是尾巴的起點，而狗會用尾巴來表達感受。人類表達感受的部位是臉，情感是向上流動的，而尾骨就像某種遺跡，因為我們已經不用尾巴來表達感受了。因此，身體上下都有相對應的部位，即使是看似無用的尾骨。

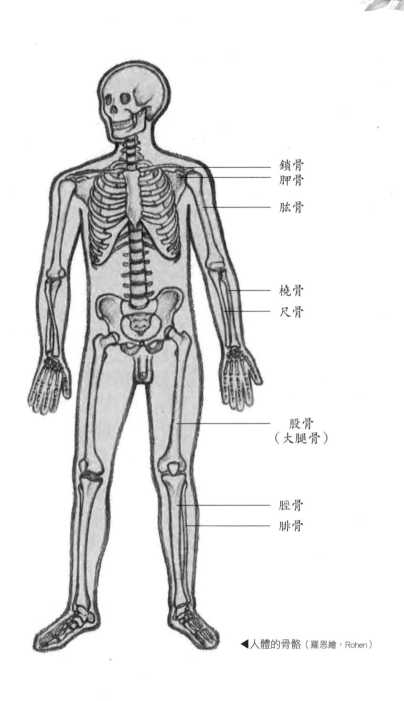

鎖骨
胛骨

肱骨

橈骨

尺骨

股骨
（大腿骨）

脛骨

腓骨

◀人體的骨骼（羅恩繪，Rohen）

手與腳、肩部與骨盆、肱骨與股骨等身體部位，
彼此看似不同，卻具有相互對應的關係。

183

我們再來看得更仔細一點。上臂有一根強壯的骨頭，而大腿也有。上臂的骨頭稱為「肱骨」，大腿的則稱為「股骨」或「大腿骨」。

肱骨和股骨下方分別有兩根骨頭，位在前臂的稱為「橈骨」與「尺骨」，位在小腿的稱為「脛骨」與「腓骨」。橈骨跟大拇指同側，尺骨跟小指同側。「橈」有船槳的意思，代表這根骨頭可以像划動船槳一樣繞行，當你把手心朝上或朝下翻轉時就可以發現它的確能夠繞著尺骨轉。

手心朝下就是給予；手心朝上便是接受。能做到這樣，是因為我們的前臂有兩根骨頭，其中的橈骨可以繞著另一根骨頭旋轉，如此一來，堅硬的骨頭也能產生轉彎的動作。尺骨比橈骨更強健，並且跟上臂的肱骨之間以關節相連，這個關節稱為「手肘」，你在那裡摸到的硬骨就是尺骨的一部分。

小腿的腓骨對應到前臂的橈骨，但它無法繞著脛骨旋轉，也沒有必要這麼做。我們的腿是特別用來乘載身體重量的，由於我們不是用腳來給予或接受，腳也不需要跟手一樣。因此腓骨與脛骨都很強壯，並且無法旋轉。

▲手心朝下是給予，手心朝上是接受。

手與腳的另一個不同之處

就是關節。與手肘不同,膝關節具有一個特別的「膝蓋骨」,可以增進腿部肌肉的槓桿作用,讓彎曲膝蓋的動作更加順暢,我們也因此可以平順的行走。

另外,手肘與膝蓋的彎曲方向剛好相反,前者讓手向前彎,後者則是讓腿向後彎。這樣對我們來說剛剛好,否則重心就會落到腿的後方。鸛和鴕鳥就是用這種方式走路,牠們大部分的身體重量都位在膝關節(用踝關節來形容更正確)前方,所以重心剛好可以落在腳的正上方。但我們的身體構造並不是這樣,如果膝關節長得像鸛和鴕鳥,我們就無法保持平衡。

接下來我們要看手腕和腳踝。它們也有共通點,不過腳踝的骨頭更粗也更強壯,這是為了要支撐重量。手指和腳趾的共通點就更清楚了,手可以做各式各樣的事情,但腳卻有個特別的任務——支撐身體的重量並且帶著它行走。

我們手和腳最大的不同就在於,手並沒有特化出特定的功能,而腳卻剛好相反。手是自由的,腳卻只能做一件事。腳彷彿將自己奉獻於粗重的工作,好讓手可以進行創造的活動。

手與腳的骨頭構造截然不同,彼此卻具有相互對應的關係,手讓我們自由創作,而腳則乘載身體重量。

Chapter 40

骨骼的形狀
工程藝術的極致展現

人 體的左右對稱非常有助於保持平衡，而上半身、下半身構造之間的關聯則顯示了它們不同的功能。

比起股骨，從上臂的肱骨更能看出骨頭是如何生成的。肱骨雖然是硬骨，但形態總讓人聯想到水流的樣子。河床中的水並不只是單方向的流動，它還會旋轉形成漩渦，所以表層的水很可能會在流動了近一公尺之後跑到河床底部。如果可以追蹤一滴水，我們會發現它流動的路徑呈螺旋狀。我們也能在肱骨發現這樣的特徵，它急轉和

▲肱骨

微彎的地方也近似螺旋狀。肱骨跟水還有其他相似之處。當水流受到阻擋，就會湧出河岸往兩邊擴散，讓河道變寬。肱骨的兩端都具有這種擴大、加厚的現象，好像它曾在流動中受阻擋。這些現象告

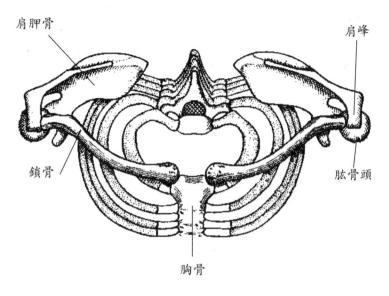

肩胛骨

肩峰

鎖骨

肱骨頭

胸骨

▲胸帶（又稱「肩帶」）的俯視圖

訴我們，骨頭是由某種我們尚未了解的力量所形成。

上半身與下半身的骨頭中也有相互對應但比較不明顯的關聯，例如臀部和肩部的骨頭。它們都具有像是束帶的環繞構造，用來連結四肢和軀幹，讓手臂與肩膀相連，腿與臀部相連。在解剖學中，肩部的骨頭稱為「胸帶」，臀部的骨頭稱為「骨盆帶」。

骨盆帶與胸帶的差異比手跟腳還要大。骨盆非常強健、沉重又巨大，而肩膀的骨頭則很輕巧，可以自由活動，甚至有點透明。肩胛骨看起來有點像翅膀，而骨盆看起來像是穩固的座位或是寶座。

肱骨的形狀如同河床中的水流，
肱骨彎曲與旋轉的部分近似於水流的螺旋狀路徑。

187

我們已經比較了上半身及下半身的骨頭，包括不同大小的脊椎骨、輕巧的手臂骨頭以及強健的腿骨。這種對比也存在肩部和臀部，它們的差異甚至更大。組成胸帶的骨頭各自獨立，左右兩邊成對分布，但臀部的骨頭則長在一起，融合成一個結實的骨盆。

骨盆跟脊柱的後段「薦骨」生長在一起，因此脊柱底部真的有一個骨環作為上半身的寶座。相較之下，肩胛骨就離脊柱遠得多，因為它並不負責支撐身體的重量。肩膀當然能負重，不過對骨盆來說這可是個「義務」。「肩峰」是肩胛骨向前延伸出的一個小小的翅膀狀構造，跟來自前側的鎖骨相接，而鎖骨又跟胸骨在前側相接，因此鎖骨和肩胛骨構成了一個環狀構造，讓肌肉可以附著，把手往側面舉起。若沒有這些骨頭支撐，肌肉就無法發揮功能。有些動物不具有鎖骨，因此無法將腿往兩側抬起，例如馬或牛。

骨頭在肩部和臀部形成的環狀構造非常不一樣，但具有一個共通的設計原理，那就是形成環狀構造以及提供空間，讓四肢的骨頭（肱骨和股骨）能夠跟肩部或臀部連接，這是一種非常特別的關節。我們之前看過用來轉動頭部的「車軸關節」以及「鉸鏈關節」（又稱「屈戌關節」，例如手肘和膝蓋），而能夠往任何方向轉動的關節稱為「球窩關節」或「杵臼關節」，它讓肱骨能安置在肩膀上，也讓股骨能安置在骨盆上。

Chapter 41

骨骼的拱形結構

乘載重量的人體工程

我們在身體的骨骼中發現了一個罕見的現象，那就是工程藝術的極致展現。讓我來舉個工程的經典例子：石造拱橋。拱橋比一般平面的橋還要穩固，在這個拱形當中，任一點所受的力都可以分散給整個橋，它的精髓就是分擔重量的原理。

位於中央的楔石是整座拱橋當中最重要的，因為它離兩端最遠，會把重量平均的向兩邊傳遞，分散給整座橋。

骨盆就是以類似的道理來承受身體的重量。骨盆與脊柱的薦骨融

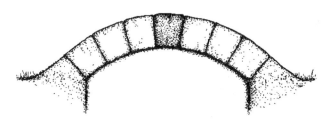

▲具有中央楔石的拱橋

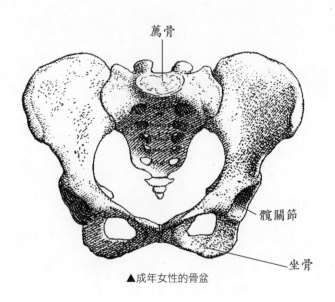

薦骨

髖關節

坐骨

▲成年女性的骨盆

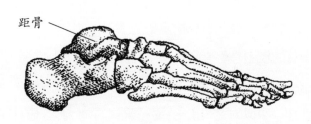

距骨

▲足部的骨頭

合在一起，全身的重量就落在薦骨上，它就像拱橋的中央楔石，會把重量平均分散到骨盆兩側，讓一邊的股骨承擔身體一半的重量。我們的兩條腿就像橋墩，而骨盆就像架在橋墩之間的橋。我們可以行走在自己打造的橋上，但如人體力學的書所述，骨盆就是一個

「行走的橋」。當你坐著的時候，身體的重量由骨盆底部的坐骨所承受，那裡的結構也是一個拱形。

但是，行走的時候身體的重量會透過骨盆傳遞到股骨，再透過脛骨和腓骨向下傳遞到足底。這裡也有一個拱形結構，就是「足弓」，而它的中央楔石就是「距骨」，負責把重量分散到足部的其他地方。足部共有二十六塊骨頭，透過一系列的拱形構造來分配重量。這些骨頭不但能乘載重量，還能靈巧的轉移重量。

我們越認真探討肢體的活動，就越會覺得骨骼的架構非常完美。以股骨來說，它以球窩關節和骨盆相接，股骨上端是一個接近球體的構造，可以很剛好的結合骨盆杯狀的凹洞。關節周圍還有強韌又富彈性的韌帶，幫忙把股骨保持在正確的位置上，不過這些韌帶很鬆，目的是要讓我們可以自由的活動雙腿。只要你站在椅子上前後擺動其中一隻腳，就會發現腿可以多麼靈活的活動。

但如果股骨沒有被韌帶緊緊的固定住，它怎麼會維持在關節裡呢？這就是吸力的作用，或說是大氣壓力。

關節是由一層膜所包圍，裡面含有潤滑液且不含空氣，外界強大的空氣壓力會壓向股骨，讓它牢牢的待在關節的凹陷處。大氣壓力是非常大的，若有人需要進行手術截去整條腿，周圍的韌帶都切斷之後，還需要極大的力氣才能把股骨從關節中拉出來。科學家大約在三百多年前才發現大氣壓力，但打造人體的智慧卻早就利用這點來把股骨固定在關節中了。

骨骼是人體智慧所打造的工程藝術，
骨骼的結構將身體的重量完美分散於正確的位置。

Chapter 42

行走

複雜的平衡練習

行走是一個非常複雜的動作，如果我們用學習代數的方式來學習走路，那大概永遠也學不會。不過，幸運的是，就算不了解消化系統如何把食物轉變成能量，我們也能進食；同樣的道理，在學會思考之前，其實我們就知道該如何利用直覺來行走，讓那股高層次的智慧引導我們。人類的行走相當複雜，曾經有很多工程師想設計出用雙腳行走的機器人，但都宣告失敗。我們每跨出一步，就會用上三百條肌肉，這些各式各樣的肌肉還需要同時行動，但我們根本無須思考就能完成這一眨眼的瞬間動作。

行走的步驟就從抬起腳跟開始。當腳跟抬起而腳趾尚未離開地面的瞬間，身體的重量就會轉移到另一隻靜止固定的腳上。這個時候身體其實不太平衡，可以說是處在向固定的腳傾倒的準備動作。

下一階段，不平衡的情況更嚴重了。移動的腳會彎曲膝蓋、整隻腳會抬起並且往前擺動。接下來的動作又更困難一些：移動的腳會

往回擺動一點，讓腳跟著地，與此同時，另一隻腳的腳跟抬起，準備跨出另一個步伐，所以這時我們是以一隻腳的腳跟和另一隻腳的腳尖站立。在這個瞬間，身體的重量會往前並往另一側移動。在我們行走的過程中，我們會不斷的失去平衡又恢復平衡，有位科學家說：「走路就是準備跌倒和恢復平衡的連續動作。」真是一點也沒錯，我們的確是從一隻腳跌向另一隻腳。

走路其實是個危險又劇烈的活動。當你滑倒，徹底的失去平衡，就能了解它的危險；當你撞到路燈或是其他人，就能感受到它猛烈的力道。

把身體的重量從一隻腳轉移到另一隻腳，也就是失去又恢復平衡，需要精準的各方評估與權衡，過多會往前倒，太少又向後跌，也難怪我們會在很小的時候就開始練習，這幾乎是我們人生中所學的第一件事。

如同行走代表著跌倒和恢復平衡，我們的人生中也會有失誤或犯錯，但我們會從中學習並恢復平衡。人生的整個過程就像是行走，這是我們所學的第一件事。

讓我們再回到走路時一腳固定、一腳往前擺動的時刻。固定的腳並沒有閒著，它必須平衡身體所有重量。這時身體的重量是由股骨的圓形端點「股骨頭」所承受，它位在骨盆的髖關節中。若沒有十五條肌肉像穩固帳篷營柱的營繩那樣從不同方向施力，關節中的股骨頭就會搖晃不穩。這十五條肌肉會將股骨固定在正確的位置。

我們跨出的每一步需要同時運用近三百條肌肉，
然而我們不用思考便能完成這個複雜的動作。

當我們以單腳站立，就要把身體的重心保持在股骨上方。若身體稍微歪斜一點，髖關節的某些肌肉就會拉得用力一點，讓身體回到正確的位置。當移動的腳落下，身體就必須向前傾，不再倚靠固定的腳，這時髖關節也要隨之反應，做出跟保持平衡相反的動作。

骨盆也有參與走路的動作。上半身的重量傳遞到骨盆，會先轉移到其中一邊，也就是轉往固定的腳，接著再轉往前方和另一隻腳。所以走路時骨盆會不斷的往前和左右擺動。

骨盆上方還有由脊椎骨所組成的脊柱，會在走路的時候往左右兩邊傾倒，因此也有幫助維持脊椎平衡的肌肉。

行走還不止這樣。手臂在走路時會不斷擺動，並且跟腳擺動的方向相反。當左腳往前，左手就會往後擺，這也是為了保持平衡。

現在我們可以了解為什麼走路的時候會用到三百條肌肉了。足部、腿部、臀部和脊柱附近的肌肉、手臂以及往上到頭部的肌肉都參與其中。走路不只是腿的動作，而是全身的活動，因此好好的走一趟路是對全身都很好的運動。

我們來看看腿在行進間發生了什麼事。若有人做了一個側手翻（側翻筋斗），這時身體的四肢就像是輪子的輻條，手跟與足部就是輪框的一部分，整個動作像是一個具有四個輻條的輪子在滾動。行走也是一樣的，不過只有兩支輻條，就是我們的雙腿。行走時，兩腳在踩下後又不斷往前抬起作為下一個輻條，腿的運動就像一個輪子在滾動。

▲行走的軌跡

　　行走時足部的移動軌跡構成了一個輪框，雖然並不是圓弧狀，但肌肉的彈性讓它能夠改變形狀。跨出步伐時腳跟先著地，當腳尖落下，腳跟就再度抬起，然後腳尖也抬起，腳便完全離開地面。這些步驟串聯在一起就是在滾動，足部可說是在地面上「滾動」。

　　我們以腳跟觸地、腳尖離地。跑步的時候腳跟的觸地會更輕盈，並且會在腳尖施加更多力氣，就像在腳上裝了翅膀的羅馬神話人物墨丘利（Mercury，負責為眾神傳遞信息的使者）。跑步時我們試圖擺脫地球施加在我們身上的重力，因此會比較倚重腳尖；但軍隊在遊行時，為了要展現力量，則會把腳跟用力的踩下。

　　因此，足部有兩個相對的部位：把我們帶往地面的腳跟，以及帶我們離地的腳尖。這樣的特性也可以從足部的骨頭中看出來。腳跟的骨頭較為粗重，腳尖的骨頭則輕巧許多。脊椎骨也有類似之處，上方較輕，下方較粗重，即輕者往上，重者往下。

　　跑步時我們用腳尖比用腳跟還多，而跑步對其他動物來說更是重要的活動。無論是掠食者還是獵物，跑步都攸關著生死，所以許多

走路不只會運用腿部，更是要靠全身的肌肉來活動，
因此，走路是一項對全身皆有益的運動。

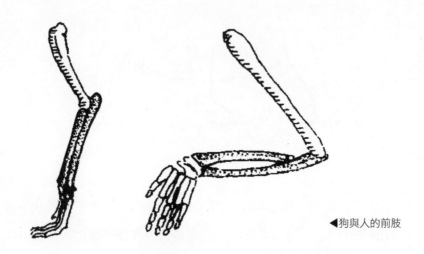

◀狗與人的前肢

動物可說是生活在腳尖上。舉例來說，狗無論是站立、行走還是跑步，都是用腳尖的四根腳趾。狗的大拇趾非常小，腳跟則幾乎不會碰觸地面。馬的腳又更有趣了，牠們僅用一根腳趾來站立，那是牠們非常發達的中趾，指甲也往周邊生長成為馬蹄。許多動物都是這樣倚賴腳趾來活動，只有坐著的時候腳跟才會接觸地面。這讓牠們可以非常快速的移動，但卻無法像我們一樣用雙腳平衡。

讓我們來看看下肢的肌肉。當我們抬起腳跟，首先會用到小腿後側的肌肉；當腳舉起、擺動再放下，腿部前側的肌肉會發揮煞車的作用，輕輕的把腿放下。

小腿後側與前側的肌肉有很大的不同。後側的肌肉需要強壯一點，因為身體的重量都壓在腳跟上，而它們得負責抬起腳跟。前側的肌肉只需要稍微刹車，輕柔的完成動作即可。因此完整的動作是

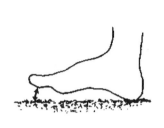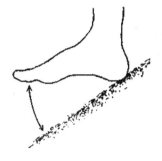

▲下坡路使腳尖觸地的距離較長，腿部前側的肌肉需要更加用力。

由後側肌肉開始，由前側肌肉結束。

　　有一個狀況會讓前側肌肉特別需要出力，那就是下坡的時候。下坡時把腳放下的過程比較久，所以前側的肌肉有更多工作要完成，走完很長的下坡路之後，我們腿的前側也會感到痠痛。穿高跟鞋時因為腳跟會比平時更快著地，前側肌肉為了緩衝腳尖的速度，也會出現類似的況狀。

　　剛跨出步伐、小腿肌肉舉起腳跟時，身體的重量便會往前移，承受重量的不再是腳跟強壯的骨頭，而是足弓較輕巧的骨頭。若不是因為腳底的肌肉穩定了足弓的位置和彎度，足弓便很有可能會塌陷，導致骨頭位移。

　　這就是雙腳從腳跟到腳尖的滾動模式，以及參與其中的許多肌肉。

　　　　　　　　狗、馬等動物平時用腳尖來行走與跑步，
這讓牠們能快速移動，卻無法像人類用雙腳平衡。　197

Chapter 43

手
直立行走所帶來的贈禮

在所有生物當中，只有人類具備這種複雜的直立行走能力，因此也只有人類的骨骼能駕馭這樣的活動。若你比較人與馬的骨骼，就會發現馬的骨骼顯得很沉重，人類的骨骼則輕巧許多。我們每一根骨頭的生長和排列都是為了能夠直立行走。

直立行走也帶給我們許多人類特有的能力。其他動物用四隻腳穩定的站立，我們則需要特別保持平衡，但這也讓我們空出了雙手，這就是能夠直立行走的偉大之處。用四隻腳跑步會輕鬆很多，我們卻採用這種困難又複雜的動作，但我們也從中受益，有了可以自由活動的雙手。

乍看之下，人的手有很多不完美的地方。若要當成武器，獅子的爪子可厲害多了；若要挖土，住在土中、善於掘土的鼴鼠的爪子會更適合；若要緊緊抓住東西，鳥類的爪子抓力更強；要比飛行，也是鳥類的翅膀獲勝。這些動物的肢體都經過特化，讓牠們更容易捕

殺獵物、攀爬、挖土和急速奔跑，但我們的手卻沒有特化出什麼特定功能。人類的手很原始單純，缺乏內建的特殊用途，但卻也因此能做多方的運用和創造。我們能夠做出比獅爪更可怕的武器、製造功能更勝於動物爪子的工具，也可以建造機器、船艦與飛機，建設道路與城市。最重要的是，有了雙手我們便可以幫助別人，當其他動物需要用前腳來支撐體重，我們卻可以用手來支持並幫助彼此。

　　研究動物胚胎的科學家曾發現一個驚人的現象。位於母親子宮或是卵內的動物胚胎，在早期會出現有五隻手指的手，就像人類的手，但隨著胚胎發育，這些手的形態會改變，逐漸特化成爪子或翅膀等構造。因此，我們的手並不算先進，而是一種古老原始的動物前肢，但這卻讓我們可以製造工具，這是許多動物無法做到的事。不過，若無法直立行走，這雙手也就沒有什麼用處了，直立行走和雙手是搭配在一起的。

▶老鼠胚胎早期有
五隻手指的手。

©DataBase Center for Life Science
@Wikimedia Commons

人類雙手的許多功能並不如其他動物，
但我們的雙手卻擁有無比的創造力。

Chapter 44

肌肉
燃燒能量的「小老鼠」

我們在前面看了一些肌肉的運作，像是從腳底到頸部各處的肌肉如何在我們所跨出的每一個步伐中發揮作用。但肌肉還做了很多其他工作，就以一個非常普通的情境為例子：你看見一個朋友，對他微笑後說聲「哈嘍」，接著跟他握手。肌肉把你的眼珠轉往朋友的方向，因此你能看見朋友，而其他肌肉也調整了水晶體讓你可以看得清楚；你的微笑是由肌肉拉動嘴角所產生；說話是因為肌肉用不同方式控制喉頭的聲帶；握手則動用了手臂和手指的肌肉。在這些事情發生的同時，心臟依然不停的跳動以維持生命，橫膈的肌肉也持續讓肺進行呼吸，胃也有很多肌肉在消化食物，並由腸子的肌肉接力工作。身體所有外部和內部動作都是由肌肉所執行的。

僵硬的骨頭沒辦法自己活動，因此也是由肌肉所拉動。移動任何東西都需要熱能，例如我們燃燒石油來移動車子和飛機、燃燒煤炭來轉動蒸汽引擎，即使是水力發電，也是先利用太陽的能量讓水位

上升。肌肉也同樣需要產生熱能才能運作，血液把消化過的食物從腸子運往身體各處，其中大部分都送往肌肉。肌肉「燃燒」養分所產生的能量讓我們可以進行不計其數的肌肉運動。若人長期處於飢餓狀態，肌肉會越來越衰弱，最終將無法協調運作。

我們從骨頭的生成看見了水流的蛛絲馬跡，因此水影響著有關骨頭的一切，而影響肌肉的，就是熱。燃燒食物會讓肌肉獲得力量，這種燃燒比任何我們建造的燃燒式引擎都還要精良，它具有難以想像的複雜化學反應，會產生「無形的火」為肌肉提供能量。此外，引擎會浪費很多燃料，而這種無形之火的化學燃燒效益卻很高，還能在相對低溫的環境下產生能量，絕對不會燒傷身體任何地方，不像燃燒汽油或柴油的引擎總是在高溫下運作。

但這種化學燃燒跟一般的火焰還是有一個共同點，就是會產生灰燼，而乳酸就是這種燃燒所生成的灰燼。血液會把乳酸從肌肉帶走，但如果肌肉的活動量很大，乳酸就無法即時清運完畢，過多的乳酸便會讓肌肉僵硬痠痛，我們得因此讓肌肉休息。

肌肉長什麼樣子呢？它們看起來就像生肉，人平常吃的肉其實就是肌肉。我們買肉的時候，肌肉是被切斷的，因此只能看到一些肌肉的橫切面而無法看到一條完整的肌肉。不過我們可以從肌肉的英文「muscle」捕捉一點它的樣貌，這個字源於拉丁文「musculus」，意思是小老鼠，因為有些肌肉的形狀像是小老鼠，羅馬人也是這麼聯想的。

身體內部及外部所有動作皆由肌肉執行，
而肌肉需要休息以及食物的能量才能持續活動。

201

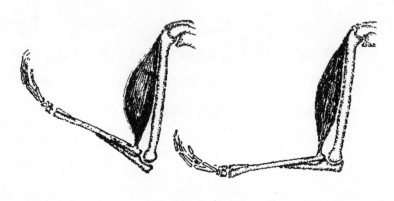

▲二頭肌的作用

每一塊老鼠狀的肌肉都是由無數彈性纖維所組成，它們雖然纖細，但也很強韌。我們上臂的二頭肌就具有六十萬條這樣的纖維。

肌肉又是如何運作的呢？以上臂的二頭肌為例，每當我們彎曲手臂，它就會收縮，把前臂拉往上臂。

肌纖維具有彈性，可以收縮或伸張，但只有收縮時才會出力。二頭肌與身體所有肌肉一樣，以單方向收縮來產生力量。當肌肉放鬆並伸張時是沒有力量的，所以二頭肌本身無法讓手臂伸直，這需要運用另一條肌肉，也就是手臂後側的三頭肌。當三頭肌收縮，前臂就會被拉離上臂，手臂就因此伸直。

當然，三頭肌收縮時，二頭肌就必須放鬆伸張；換二頭肌收縮時，三頭肌就必須放鬆伸張。巧妙的是，這兩者運作得非常協調，沒有衝突也不會阻礙對方。因此，活動前臂需要兩條作用相反的肌

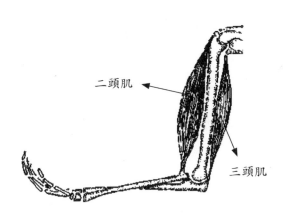

▲二頭肌與三頭肌

肉，身體任何部位都是如此，一定會有兩條成對的肌肉，執行相反的功能。全身上下數百條肌肉都是成對的運作。

肌肉透過收縮來運作，但收縮的動作一點也不簡單。想像你提著一桶水，只要提著它，手臂的肌肉就必須收縮，但這種收縮並不是一個完整的收縮。肌肉會不斷微幅的收縮和伸張，頻率大約是一秒10次。有時肌肉過度緊繃，一時無法放鬆伸張，就會肌肉痙攣。

肌肉還有一個至今尚未解答的現象。我們可以透過練習和訓練來提升肌肉強度，但我們卻一直不清楚肌肉裡到底發生了什麼事。我們知道這確實有效，但不知道這個作用是如何產生的，這就是許多尚未解開的人體奧祕之一。

肌肉透過收縮及伸張來運動，
肌肉出力時會收縮，放鬆時則會伸張。

Chapter 45

隨意肌與不隨意肌

展現意志的兩大類肌肉

我們知道肌肉透過收縮來運作,也就是說,肌肉可以拉動骨頭,但無法推動骨頭。我們之所以能運用肢體做出反方向的動作,是因為有兩條肌肉會產生相反的作用,當一條在拉,另一條就放鬆。無論進行什麼動作,都會有不止有一對肌肉在作用。為了跨出一小步,就有三百條肌肉得幫忙;當我們用手舉起東西,許多手臂、肩膀、臀部,甚至肚子的肌肉都要一起運作。肌肉就像一個大型的管弦樂團,在這種樂團中,有時會由一種樂器負責主奏,有時是另一種樂器。主奏的任務若是舉起東西,其他肌肉就會幫忙,所有肌肉都會一起和諧的運作。

有的肌肉會彎曲和伸直,例如手臂肌肉;有的肌肉可以扭轉,例如讓前臂的橈骨繞著尺骨轉動的肌肉;有的肌肉可以舉起和放下東西,例如腿部肌肉;也有些肌肉會以相反的方向滑動。儘管功能不同,這些肌肉依然可以和諧的一起運作,讓身體協調的運動。

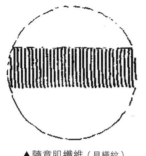

▲隨意肌纖維（具橫紋）

▲不隨意肌纖維（平滑）

　　身體的肌肉可以分成兩大類（只有一個例外，稍後會提到）。舉例來說，二頭肌跟與它作用相反的三頭肌只會在你要它們動的時候才工作，而不會不經意志的驅動就自行彎曲你的手臂，因此稱為「隨意肌」（源自拉丁文voluntas，即「意志」）。腸子也有會收縮和伸張的肌肉，負責往前推動食物，但是你對這樣的動作一無所知，也無法指揮或停止它的活動，因此腸子的肌肉屬於第二類的「不隨意肌」。

　　在顯微鏡下可以看到這兩種肌肉具有非常不同的形態。肌肉都是由纖維組成，用顯微鏡可以觀察到隨意肌的纖維具有橫紋，但像腸子這種不隨意肌的纖維則是平滑的。我們無法察覺或控制平滑肌的作用，只能控制具有橫紋的肌肉。腸胃的肌肉都是平滑肌，手臂和腿的肌肉則是橫紋肌。

　　但這兩大類的肌肉有一個例外，那就是心臟的肌肉。我們無法控

肌肉如同大型的管弦樂團，
一個部位執行動作，其他部位也會一起和諧運作。

制心跳，不能讓它收縮快一點或慢一點，但是心肌卻具有橫紋。所以身體其實有三類肌肉：橫紋肌、平滑肌和心肌。心肌之所以獨立為一類，還有其他原因。雖然心肌具有橫紋，但不同的纖維會產生分支並融合在一起，這代表所有心肌會一起跳動，跳動的時候就像有節律波通過。此外，這三種肌肉中就屬心肌最活躍，跳動一輩子也不停歇。心肌也比其他兩種肌肉敏感，像是有些人無法喝咖啡，因為咖啡對他們的心臟影響太大。心臟其實會受到我們周遭和身體內部的各種因素影響，只是我們可能沒有注意到。

讓我們更仔細的看看隨意肌的運作方式。我們已經知道二頭肌可以靠收縮把前臂往上拉，為了能夠拉，肌肉必須固定在骨頭上，這個固定的端點稱為「起點」。二頭肌的起點在肩胛骨，另一端稱為「止點」，附著在它所拉動的骨頭上，也就是前臂的橈骨。每一條隨意肌都有產生拉動的起點與被拉的止點，並且把骨頭往起點的方向拉。

▲心肌纖維（具有橫紋與分支）

止點跟起點具有不同的形態。肌肉柔軟有彈性，並且布滿血管，但越接近止點，肌肉就越像堅硬的繩索，幾乎跟骨頭一樣硬，這個堅硬繩索稱為「肌腱」。你可以在腳跟上方感受到小腿肌肉的堅硬肌腱，它的任務就是在你行走的時候抬起

▲肌肉具有止點、凸起的肉和肌腱。

腳跟和身體的重量。

　具有三元性的人體是由靜止的頭、活動的四肢和規律運作的心肺所組成。無論何時，我們總有一部分保持靜止、一部分在活動，也有一部分介於兩者之間做規律的跳動。肌肉也是一樣，起點被穩穩的固定著，止點處的肌腱拉動手臂，而中間柔軟又彈性的凸起肉團則規律的收縮。這樣看來，肌肉並不像羅馬人所稱的小老鼠，而是一個小小的人呢！

　隨意肌的任務就是要拉動骨頭，這個拉的動作遵循著槓桿原理。對肌肉來說，身體裡每一根骨頭都是槓桿。一個槓桿系統具有三個部分：抗力點、支點和施力點。舉例來說，當你拿起一顆球，拿球的手是抗力點，手肘是支點，二頭肌肌腱所拉的地方就是施力點。當你抬起腳跟，肌肉施力把腳跟往上拉，支點位於腳尖，而抗力點就在足弓，它承受了透過脛骨和腳踝所傳遞的重量。

　即使是肋骨也可以作為槓桿。當脊柱失去平衡，某些肌肉會把肋

手臂的運動也具有三元性，
起點被穩穩固定，止點拉動手臂，肉團則規律收縮。　207

骨往反方向拉下，並把肋骨當成槓桿來恢復平衡。在這個例子中，支點是臀部，脊柱是抗力點，肋骨則是施力點。不過這只有在你嚴重失去平衡的時候才會發生，一般的情況下，背部的肌肉會先利用脊椎骨的側突來維持脊柱的平衡。

由此可見，肌肉與骨骼共同發揮作用時就像一個偉大的槓桿系統，每當有肌肉收縮，它就會以某個地方為支點拉動骨頭來舉起重量。力學知識可以幫助我們了解身體肌肉的作用。

Chapter 46

人類與動物的頭顱

人體的聖殿與動物的工具

肌肉具有彈性，能夠收縮和伸張，韌帶也是一樣，不過韌帶跟肌肉的功能卻大不相同。肌肉可以利用關節作為支點來移動骨頭，韌帶則負責把骨頭穩固在關節的彈力帶。當你舉起手臂，肌肉會把肱骨往上拉，這時把肱骨頭穩固在關節中的韌帶會跟著伸張。若沒有韌帶，骨頭就會移位，因為肌肉的拉力會把骨頭從關節中扭開。

當你放下手臂，韌帶會放鬆並收縮，因為韌帶的伸縮性質跟肌肉剛好相反。肌肉運作就像彈簧，是在用力時收縮，放鬆時便伸張。韌帶則像橡皮筋，用力時伸張，放鬆時反而收縮。正是因為肌肉與韌帶具有相反的伸縮性質，才能一起合作無間的移動骨頭。

若韌帶過度伸張，便會發炎腫脹，這就是扭傷。腳踝扭傷就是腳踝周邊的韌帶伸張得太過頭，需要休息才能再度活動。韌帶撕裂是一種更嚴重的情況，需要兩到三個月才能恢復。

現在我們來看頸部的肌肉。為了了解這些肌肉的功能，我們要比

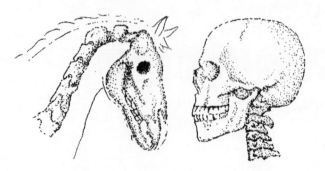

較人與動物的骨骼。馬的頭顱從頸部垂下來，牠的頭掛在脊柱上，就像一個吊籃掛在棍子上。若用棍子頂住吊籃，要保持平衡可就不容易，但人類的頭就是這樣不太穩定的平衡在脊柱的頂端，維持頭部平衡就是頸部肌肉的工作。

坐在椅子上打瞌睡時，因為沒有意志驅動頸部的肌肉來保持頭部的平衡，頭便會偏向一邊。我們不僅需要用細長的雙腿維持身體的平衡，還需要維持頭部在脊柱上的平衡。這個平衡並不是自動的，而需要靠意志，所以睡著的時候我們無法保持這樣的平衡。試想一位雜技表演員把球頂在一根手指上，頸部的肌肉就像一位厲害的雜技表演員，把頭這顆球頂在寰椎這塊小小的脊椎骨上。

人與動物的頭顱不一樣，動物的頭是從脊柱懸吊下來，而人的頭則平衡在脊柱之上。另一個更重要的差異是，人的頭顱是圓的，比較接近球體，而動物的頭顱比較長，接近圓柱體。四肢的骨頭也類似圓柱，因此動物的頭比較像四肢。不過形狀並不是重點，由於動

210

物要用前肢支撐身體，前肢便無法做其他事情，而要用頭做一些我們用手做的事，因此頭也具備了額外的肢體功能。例如：狗用頭滾動一顆球或叼著報紙；鳥用喙來築巢；母獅移動時會把幼獅銜在嘴裡，雖然獅子的嘴巴也是一個武器，尖銳的犬齒就跟牠的爪子一樣致命；公牛和雄鹿也會用頭來打鬥。

因此，動物的頭跟四肢的相似之處不僅在於形狀，也在於功能。相較之下，人類的頭不需要做這些事情或費力的工作，因為它既不是工具也不是武器，而是可以自由思考和理解世界，這點動物就無法做到。人類之所以發展出比動物更發達的頭腦，就是因為頭不需負擔勞力工作。

城市裡有店家、辦公室和工廠，提供了各種物品和生活必需品。但城市裡也有會讓你投以崇敬之心的其他建築，像是教堂、聖殿或禮拜堂。這些地方沒有商業活動，也沒有生產物品，但若抱著虔誠的心進入，就可以在裡面獲得人生意義的解答。在我們身上，四肢具備了各種生活所需的功能，心、肺和血液則維持了我們的生命，它們就像商店、辦公室和工廠，而我們的頭就是聖殿，沒有勞動工作，但能為我們的所見和所為賦予意義。

動物頭顱無法成為聖殿，因為它得善盡工具和武器的功能，但人類頭顱是精神的聖殿，在所有骨頭中，它是最完美的球體。看著頭骨時，有些人會感到害怕，但你不該感到恐懼或是帶著輕視，而是要將它視為聖殿或教堂，因為有個人的心靈曾居住在那裡。

動物頭顱如同人類四肢，要進行費力的工作，
而人類頭腦不用負擔勞力工作，因此能成為精神的聖殿。

Chapter 47

顱骨、顏面骨、下頜骨
象徵人類三元性的頭骨

人體每一塊骨頭，包括脊柱、手臂、腿以及頭顱的骨頭都有獨特的特徵，但這些特徵卻無法如實描述它們，因為骨頭是一起運作的，每一塊骨頭就像是拼成一個英文單字的字母。H、O、U、S、E這幾個字母拼成了房屋「HOUSE」這個英文單字，若其中一個字母改變了，這個單字就不一樣了。以腿來說，我們已經仔細看過腿和足部的骨頭與肌肉是如何完成複雜的跨步動作，如果改變腿的構造，我們就無法直立行走，也無法空出雙手來活動；如果雙手無法自由活動，頭就無法免於付出勞力，也不會長成圓頂狀了。

所以，若不是兩條腿的每一塊骨頭都長得剛剛好，我們就不會有球形的頭來容納腦部；若不是因為擁有強壯又具彈性的脊柱，腿也無法勝任自己的工作。而負擔身體重心、讓兩腿平衡的部位除了脊柱之外，骨盆也貢獻了不少。

大猩猩每一塊脊椎骨的大小並沒有明顯的差異，牠們的脊柱跟我

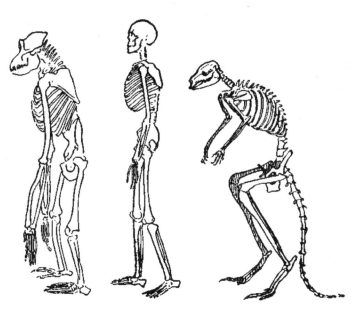

▲大猩猩、人類與袋鼠的骨骼

們的很不一樣,並不是彎曲的弧狀。大猩猩的骨盆更為巨大沉重,跟脊柱也不在同一個平面上。因此,猿類動物的身體前傾,無法真正的直立行走,牠們的骨骼適合居住在樹上,並在樹枝間擺盪。牠們的手比腿更長也更強壯。牠們用腳來緊握樹枝,而不是乘載身體的重量。只有人類的骨骼適合直立行走,從頭到腳所有細節都是為了這個目的。

我們已經知道,動物的頭具有一些我們的手所具備的功能,尤其是抓取等動作。我們抓取時會用手指把東西圈住,但貓或狗是用嘴,鳥類用喙,大象則是用長長的象鼻來抓取東西,因為象牙已經

猿類動物身體向前傾、手比腿強壯,
比人類更適合居住在樹上。

特化成尖銳的武器。動物得用頭部來抓取東西，但人類其實也會用頭和心智來抓取東西，不過是抓取精神上的東西，而非物質。

動物會用下頜銜住東西，這樣的用途就像我們的手。動物的頭部具有形成口鼻的凸出下頜以及後縮的前額，但人類的前額則相對往前隆起，下頜也較不凸出。猿類動物也是如此，牠們的下頜比前額發達多了，而且頭顱還具有特別的功能，可以撬開堅硬的果殼。

不過上述這些頭部特徵只限於成年的動物，還在母親子宮裡發育的動物胚胎可就不太一樣了。前面有提過，早期的動物胚胎具有像人一樣的小手，但隨後就會發育成具有特殊功能的前肢，頭部也有這種現象。動物胚胎在早期階段如同人類胚胎，具有隆起的前額和後縮的下頜，但後來則變化成口鼻向前凸出且前額向後退。

這些都顯示人類保留了較原始的頭顱形狀，而動物不再具有隆起的前額，頭顱也有較多的特化。不過你還是可以在剛出生的黑猩猩

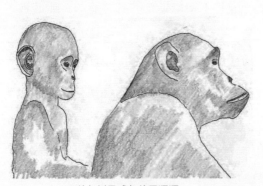

▲幼年以及成年的黑猩猩

和猿猴身上看到隆起的前額，這會在牠們長大過程中漸漸消失，下頜也會越來越發達。因此，人類的頭顱保留了發達的前額，動物的頭顱則改變了這點。

現在我們來看看「胚胎發育重演了演化過程」這個理論。這可能代表曾經有一種跟人類相近的生物是人和動物的共同祖先，現代人類保留了較多祖先的特徵，而動物則發展出更多的變化。這也代表人類可能是動物的祖先，而非多數書本所寫的相反狀況。這的確有其可能，也符合胚胎發育的理論。

接著，我們來看看頭顱這個人類心靈的住所。它由三個部分組成，首先是圓頂狀的蓋子，稱為「顱骨」或「頭蓋骨」；再來是頭顱正面、與顱骨融合的骨頭，稱為「顏面骨」；第三個部分是「下顎骨」，它與另外兩者分離，只跟顱骨以關節連接。

位於頂部的顱骨是一個為腦部提供遮蔽的外殼，「顱」就是頭部的意思。位於中間構成臉部的骨頭較為細緻輕薄，顴骨向前凸出，具有像肋骨那樣的弧度。而下顎骨則是頭顱唯一能像四肢那樣活動的骨頭，因此會在我們說話和咀嚼食物時負責勞動。

若從功能上來看，頭顱的三元性會更加明顯。我們在生理上具有神經、節律和消化系統，三者的中樞分別位在腦部、心肺和腸胃。頭頂的顱骨是腦的住所，即神經系統的中樞；臉部的骨頭在鼻子的部位有開孔，讓空氣可以進入節律系統中的肺；頭顱下方的上顎與下顎共同組成了嘴巴，也就是我們把食物送進腸胃的地方。

因此，頭骨也具有三元性。顱骨是真正的頭骨，顏面骨比較像是肋骨，而下顎骨則像四肢的骨頭。

頭顱的顱骨、鼻孔和嘴巴具有三元性，
對應了神經、節律及消化系統。

Chapter 48

人體的特性

具備三元性的完整人體

動物的脊柱呈水平狀，與地面平行；人類的脊柱則是直立的，與地面垂直。因此，人與動物的脊柱也是相互垂直的。猿類與袋鼠的身體具有一些直立的特徵，但並不是完全與地面垂直，而是向前傾斜。這是因為猿猴與袋鼠的脊柱構造都不是為了要能用兩腳平衡的站立和行走。

目前為止，我們討論的動物多數都是以水平脊柱來行走和站立，而牠們身上所有骨頭的生長排列也都順應著水平的脊柱，甚至連頭部也是如此，因為有凸出的口鼻，頭部的形態也就比較接近水平。人的頭顱是圓的，但三種骨頭的分布則是垂直的：「顱骨」位於最頂端，往下是「顏面骨」，再往下則是頭骨中唯一具有關節並可活動的「下頜骨」。而動物的頭，下頜位於前方，顱骨往後退去，因此頭部呈現出水平的姿態，並非垂直。

人類頭骨頂部形成了一個能完美收藏腦部的空間，並從各個方向

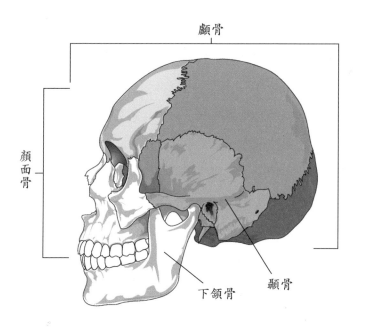

顱骨

顏面骨

下頜骨

顎骨

▲人類頭骨

©Edoarado @Wikimedia Commons

提供堅實的保護，像一座抵禦敵人入侵的城堡，這個圓頂在腦部和外界之間形成了滴水不漏的阻隔。下方的顏面骨具有兩扇通往世界的窗口，也就是「眼窩」。透過眼睛，世界上各式各樣的光線、顏色和形狀都能映入眼簾。兩個眼窩後方具有小孔，讓神經可以通往城堡裡的大腦。

所有光和顏色都可以進入眼睛，但它們無法直接進入大腦，只有經過處理後，才能透過視神經穿過眼窩後方的小洞進入大腦。

頭部通往外界的其他孔洞也是如此。鼻部也具有小洞可以讓神經

頭骨如同一座城堡，

從各個方向替腦部提供堅實的保護。

通往城堡裡的大腦，嘴巴和耳朵的孔洞也不例外。

這些跟外界相通的孔洞，包含眼、耳、鼻、口，可以接收光線、顏色、氣味、滋味和聲音，但這些也都必須先經過處理才能進入大腦，因為大腦被顱骨小心翼翼的保護著。

就如同位於耶路撒冷聖殿的「至聖所」（Holy of Holies），人的頭顱也有它的至聖所，那就是收藏並保護腦部的腔室。我稱之為「偉大的內洞」，因為它跟山裡的山洞不太一樣。人若是建造一個圓頂，首先會築起高牆作為教堂或聖殿的主體，再從垂直的牆往上搭建拱形的穹頂。因此，這些牆支撐圓頂並圍成一個聖殿。我們的頭骨也具有這樣的牆，它從兩側支撐著顱骨，稱為「顳骨」。因此收藏腦部的腔室實際上是一個具有穹頂的聖殿。

頭骨包含了顱骨、顏面骨和下頷骨，它象徵一個具備三元性的完整人體。顱骨形成的穹頂容納了腦部，也就是神經系統的中樞；顏面骨的鼻子通往節律系統的肺臟；嘴巴則通往消化系統的胃。解剖學的章節以三元性開頭，我也在此以三元性作結，這是我們在人體每個角落都能看到的特性。

218

在生命讚嘆中，看見人體小宇宙的奧妙美好

文／林怡慧（華德福資深帶班導師）

生命的各種經驗都是我們人生很好的學習機緣，也是上天最好的安排。

從多年系統程式設計師、園區主任工程師，到工研院研究員等二十年工作經驗裡，其中我有將近六年的經驗都是跟研究人的生活習慣息息相關，後來因為尋覓自家小孩的教育方法，因緣際會接受清大華德福教育中心師培，然後緣分俱足擔任華德福班導師至今也將近七個年頭。就在我積極備課，準備七～九年級的生理課時，因緣巧合收到小樹文化的邀請，很榮幸的搶先看到這本即將出版的查爾斯·科瓦奇的《人體的運作美學》，對我陪伴青少年進行生命探究有非常多的助益呢！

班上孩子的發展目前正從七年級的大航海意識及人類文藝復興時期，進入法國大革命、工業革命的意識狀態，孩子的發展容易以個人自我意識喜好或厭惡為主，並帶著懷疑、審視和無情的眼光批判周遭一切，孩子也容易將一切視為理所當然，或視為個人可以使用甚至爭奪的資源。此時孩子正經歷自主的情感生命「分娩與生產過程」的階段，容易產生巨大的情緒波動，加上依照人類的腦神經發展，大腦

「前額葉」[1]要等到20歲以後才能慢慢發展好，青春期的孩子還在發展他們的「腦部邊緣系統」[2]，「海馬迴」[3]和「杏仁核」[4]是其中主要部分。所以，不管從「人智學」[5]或人類腦神經發展來看，八年級的青少年還沒辦法很理性的看待生命所有事物，仍需要節奏重複並結合生活與所學的各種知識去看見生命的意義，並由衷產生對生命的讚嘆與敬虔。

這個世代青春期的孩子有著敏銳的頭腦、柔軟的心腸和正奮力適應青春期重力強化的四肢，同時用著放大鏡審視周遭一切，期待尋找出心中的學習典範。身邊的大人需要陪伴孩子產生個人化且自主性的思維、情感和意志等內在生命的開展釋放，並且不被青少年那一波波的情緒浪潮所淹沒或吞噬，這是孩子生命重要的轉捩點，也是我們家長和教師的自我挑戰。

集結了查爾斯・科瓦奇豐富教學經驗的書籍，不管是關於動物[6]、植物[7]、天文與地理[8]、歷史、骨骼與肌肉等等，都是我先前備課很重要的參考書籍，生理課更是引導青少年階段的孩子，對生命的真實看見與自我探索的重要課程之一，華德福教育讓孩子親身經歷這些生命的探究經驗，並找到其內在的平衡力量來面對生命的各種學習與挑戰。

感謝小樹文化出版《人體的運作美學》，對於華德福教育現場的老

1　prefrontal cortex，全名「前額葉皮質」，大腦控制決策與思考的區域。
2　limbic system，大腦掌管情緒反應的連結區域。
3　Hippocampus，大腦暫時保管記憶的部位。
4　Amygdala，大腦掌管情緒及壓力的部位。
5　Anthroposophy，由魯道夫・史代納（Rudolf Steiner）創立，關於人類智慧研究的學問。
6　關於查爾斯・科瓦奇「動物」的書籍，請參考《如詩般的動物課》（小樹文化）。
7　關於查爾斯・科瓦奇「植物」的書籍，請參考《如詩般的植物課》（小樹文化）。
8　關於查爾斯・科瓦奇「天文與地理」的書籍，請參考《天文與地理》（小樹文化）。

師真是一大福音，對於陪伴青少年成長的每位家長或老師也是很好的研讀寶典。在這本書中，願我們都能藉由作者豐富的故事與圖像，在生命讚嘆中看見人體小宇宙的奧妙美好，陪伴青少年一同看見生命的美好。

從身、心、靈的觀點，
對人體構造升起由衷的讚美

文／徐明佑（華德福資深教師）

　　因為對人體健康有很大的興趣，我手邊有好幾本關於解剖學的書，每一本都讓我更清楚的看到人體內部的結構，我也透過相關的文字獲得與健康有關的常識。然而，沒有一本書像《人體的運作美學》，讓我對人體的構造升起由衷的讚美，而且還更進一步感到好奇，想知道還有哪些尚未被科學家發現的人體祕密。

　　查爾斯‧科瓦奇老師在這本書中的鋪陳方式，本來就是依據自己在中學多年的教學經驗，更特別考量中學生的心理與意識狀態而編寫的。所以，我才決定將這本書運用在國中一、二年級共60小時的生理學課程，而從國中生的熱烈反應裡面，我見證到這樣的編排真的是最契合他們的詮釋角度——青少年在受到感動之後，懂得愛護自己，並實踐健康的生活！

　　這本書也從生理學的歷史引導我們去思考，人類對身體的迷思是如何被破除的？這需要人們運用理性思維去推論與判斷，而正是這些破解迷思的歷程，帶給中學階段的學生面對未來的希望，因為他們看到了科學總是不斷的被突破、總是有新發現。而青少年的內心深處擁有一股內在驅力，想為我們開創更健康與文明的未來。就如同前哈佛大

學（Harvard University）醫學院院長西德尼・鮑威爾教授（Sydney Burwell）曾對醫學院學生所說：「你們在醫學院學習的內容，有一半是錯誤的，而有一半是正確的。我們的問題是，我們不知道哪些是正確的，哪些是錯誤的。」[1]我覺得這樣富有前瞻性的宣告，代表著在知識探索上求真的勇氣，也是青少年內在想要革命的心最迫切需要的力量。

查爾斯・科瓦奇在本書中，織入了過去面對生理現象的迷思與歷史，讓這本書擁有青少年喜愛的開放性基調。而本書更值得閱讀的原因是：書中看待人身體結構的觀點，涵蓋了魯道夫・史代納[2]（Rudolf Steiner）關於人的身、心、靈的論述。因此，本書的許多知識與觀點，正呼應著目前科際整合下，與醫學、運動神經學與心理學有關的新發現。例如：「葉克膜的原理與運用」與本書中「心臟」觀點有關，這也正是魯道夫・史代納在百年之前就強調的觀點。可貴的是，查爾斯・科瓦奇系統性的掌握了醫學研究的知識，所以書中有許多觀點，至今仍超前坊間提供給青少年的健康、科普類書籍很大一步。

這本書不只適合青少年，更適合每個關心健康的人。作者高超的書寫技巧不但讓本書非常容易閱讀，更會令人愛不釋手！閱讀時，建議您親身試試書中提到的各種有趣活動，也許在理解與實踐中，我們會由衷升起對生理學知識的「美的覺醒」！

---

1 資料來源：https://hms.harvard.edu/about-hms/facts-figures/past-deans-faculty-medicine（擷取日期：2020/10/8）

2 1861-1925，出生於當時歐洲奧匈帝國，為華德福教育與人智學的創始人。

從靈魂深處探索人體的智慧，引領孩子認識生命的全貌

文／華德福教師　愛絲翠德‧麥克蘭

（Astrid Maclean，2006年寫於愛丁堡）

　　查爾斯‧科瓦奇於愛丁堡的華德福史代納學校任教多年。華德福史代納學校起緣於奧地利哲學家魯道夫‧史代納的教學理念與洞見。學校的課程並非僅為發展智能所設計，而是為了教育成長中的孩子生命的全貌，使他們能發展出全面的人類靈性潛能。

　　在任教期間，查爾斯‧科瓦奇日復一日的對他的教學做了大量筆記，這些內容在那時就受到愛丁堡及其他華德福史代納學校老師的喜愛，並沿用多年。本書為一位老師對學生的教學方式，其他老師可以用自己的方式來運用這些內容。

　　本書涵蓋的主題適用於教導12～14歲的孩子。這個階段的孩子，意識深受對外界的興趣所影響，也正在經歷身心的轉變。科瓦奇的教育風格便是希望讓孩子從靈魂深處產生對人體智慧的崇敬之意。這套方法從發展至今早已經超過三十年，然而今日也依然適用。根據近期的經驗，為了滿足這個年齡層孩子自然產生的好奇心，我認為性教育、性別差異以及藥物濫用是需要拓展的教學方向。